粮油作物高产栽培与病虫害防治彩色图谱

主　编　柴玉鑫　田德龙　徐其领　尼玛次仁　张韧　杨明辉

天津出版传媒集团
天津科学技术出版社

图书在版编目(CIP)数据

粮油作物高产栽培与病虫害防治彩色图谱 / 柴玉鑫等主编. -- 天津 : 天津科学技术出版社 , 2024.4(2024.10重印)

ISBN 978-7-5742-1866-6

Ⅰ. ①粮… Ⅱ. ①柴… Ⅲ. ①粮食作物—栽培技术—图谱②油料作物—栽培技术—图谱③作物—病虫害防治—图谱 Ⅳ. ① S504-64 ② S435-64

中国国家版本馆 CIP 数据核字(2024)第 057249 号

粮油作物高产栽培与病虫害防治彩色图谱

LIANGYOU ZUOWU GAOCHAN ZAIPEI YU BINGCHONGHAI FANGZHI CAISE TUPU

责任编辑:陶 雨

出 版:天津出版传媒集团
天津科学技术出版社

地 址:天津市西康路 35 号

邮 编:300051

电 话:(022)23332372

网 址:www.tjkjcbs.com.cn

发 行:新华书店经销

印 刷:唐山唐文印刷有限公司

开本 787 × 1092 1/16 印张 8 字数 240 000

2024 年 10 月第 1 版第 2 次印刷

定价:79.80 元

编委会名单

前　言

农业是国民经济的基础，农业生产提供了人类生存必需的生活资料。农作物生产又是农业生产的基础，优质高效地发展农作物生产，提高农作物的产量和品质，持续地利用自然资源，是我国农业生产的长期目标。粮食、油料作物作为我国的主要农作物，在国民经济中占有重要地位。

党和国家高度关注粮食安全问题。“科学确定主要农产品自给水平”是不追求过高和过低的自给率，防止两个极端，要根据国内资源禀赋特征、生产实际水平来确定。重要的粮食作物，要在数量上满足供给，不能依赖进口，确保“口粮绝对安全”，确保粮食安全战略稳步实施。

本书围绕粮油作物高产栽培与病虫害防治技术，针对水稻、小麦、玉米、谷子、红薯、马铃薯、花生、大豆、油菜、芝麻、油茶、向日葵等粮油作物的生长发育、高产栽培技术及病虫害防治技术进行了介绍和说明，以期满足农民朋友生产中的需求。

由于编写时间仓促、水平有限，书中偏颇、疏漏在所难免，敬请广大读者提出宝贵意见，以便进一步修订完善。

编　者

目　录

第一章　水稻的高产栽培及病虫害防治技术

水稻是我国主要的经济作物之一，近年来，市场对水稻的需求量越来越大。但是近年来农户对农药的不合理使用，使得害虫数量逐年增加，病虫害对水稻产量产生了很大的影响。因此，防治水稻病虫害，掌握水稻高产栽培技术，对保障水稻产量、推动水稻高质量发展很有必要。

第一节　水稻的生长发育

一、水稻的秧苗期

水稻秧苗期是指播入盘土中的种子从胚根萌发开始到栽插前这一时期。一般为35~40天（图1-1）。

图1-1　水稻的秧苗期

（1）出苗期：从播种到出苗这段时间，期间温度控制在25~30℃，地上控制一叶鞘高在3厘米以内。

（2）一叶伸展期：一叶一心至二叶一心，期间需要5~7天，适宜温度为20~25℃，一叶鞘高控制在3厘米以内。

（3）二叶伸展期：二叶一心至三叶一心，期间需要5~7天，适宜温度为20~24℃，一叶至二叶的叶间距控制在1厘米左右。

（4）三叶伸展期：三叶一心至四叶一心，期间需要7~9天，适宜温度为20℃，二叶至三叶的叶间距控制在1厘米左右，三叶长控制在8厘米左右。

二、水稻的分蘖期

如图 1-2 所示。

图 1-2　水稻的分蘖期

（1）分蘖初期：10%的稻株开始分蘖至 50%稻株有分蘖，若移栽时间为 5 月 15 日，则分蘖初期为 5 月 23 日—6 月 11 日。

（2）分蘖中期：50%的稻株有分蘖至田间总茎粒达到设计穗数的 80%，若移栽时间为 5 月 15 日，则分蘖中期为 6 月 12 日—6 月 26 日。

（3）分蘖末期：田间总茎数达到设计穗数的 100%，一般为每年的 6 月 27 日—7 月 6 日，持续 8~10 天。

三、水稻拔节孕穗期

如图 1-3 所示。

图 1-3　水稻拔节孕穗期

（1）拔节孕穗期一般在每年的 7 月 7 日—7 月 26 日，持续 20 天左右。

（2）孕穗拔节前期：从 10%稻株拔节到 80%的稻株拔节为止。

（3）孕穗拔节后期：从80%的稻株拔节到10%的稻株抽出剑叶为止。

四、水稻抽穗开花期

（1）抽穗开花期一般在每年的7月30日—8月10日，持续15天左右。
（2）始穗期：10%的稻穗顶端露出叶鞘。
（3）抽穗期：50%的稻穗顶端露出叶鞘。
（4）齐穗期：80%的稻穗顶端露出叶鞘。
（5）扬花期：扬花期在抽穗期后第二天出现，一直持续到圆锥花序上的大部分小穗都已经开花。

五、水稻的乳熟期

10%的稻穗中部籽粒灌浆到稻穗籽粒发黄为止，一般在每年的8月11日—8月28日，持续18天左右。

六、水稻的黄熟期

80%植株的谷粒变黄时称之为黄熟期，一般在每年的8月29日—9月18日，持续21天左右。

第二节　水稻的高产栽培技术

一、选用优质高产良种

稻米的品质主要是由遗传因素，即品种决定的，而且品种对产量起着十分重要的作用。但是，生产实践表明，现有品种中，产量高的往往品质较差，而品质好的品种产量又较低，如杂交优质稻的产量潜力普遍较常规优质稻大，但二者的品质往往相反。此外，品种不同，其抗病性、丰产性、适应性也存在差异。因此，在选用品种时，要根据当地的经济条件和生态条件选择适合的优质水稻品种。

二、落实保优栽培措施

根据优质稻的特性与栽培措施的关系，本着优质、高产、卫生的要求，应掌握如下一些共通的栽培措施。

（一）适期播种，稀播匀播，培育壮秧

适时播种、适时移栽是夺取优质稻高产的关键。播种期安排要重点考虑抽穗扬花至灌浆结实期的温度条件。根据四川省各地实际，在确定播期时，盆南稻区要适时早播，于2月底3月上旬播种，盆西稻区于3月下旬至4月上旬播种，盆中（东）丘陵稻区于3月中、下旬播种，要使灌浆结实期错过高温伏旱天气，避免高温逼熟造成减产和品质低劣。

稀播匀播、培育壮秧是搞好优质高产栽培的关键措施之一。壮秧的标准为：根旺而

白，基部粗扁，苗健叶绿不披垂，秧龄、叶龄适当，均匀整齐。旱育壮秧和抛秧具有早生快发、无明显返青期、有效分蘖率高、抗性强、结实率高等特点，因此，优质稻生产最好采用旱育秧和抛秧。旱育秧的播种量以每平方米苗床播杂交稻芽谷 180~200 克育小苗，80~90 克育中苗，40~50 克育大苗；抛秧按每平方米秧盘播 200 克育小苗，150 克育中苗，100 克育大苗。播种时用精播器播种，使播种均匀，抛秧盘每孔 1~2 粒种谷。此外，可用“旱育保姆”“壮秧剂”等简化传统的旱育秧和抛秧的育秧程序，一次性实现床土消毒、调酸、化控和培肥，达到培育壮秧的目的。

（二）多施有机肥，控氮增磷钾

施肥的基本原则是多施有机肥，控氮增磷钾。中等肥力的田块，每亩施纯氮 8~10 千克，配施磷钾肥。基肥以有机肥为主，每亩施绿肥 20~30 担或厩肥 40~60 担，尿素 10~12 千克，过磷酸钙 25~30 千克，氯化钾 10~12.5 千克；分蘖肥亩用尿素 8~10 千克，幼穗分化期及孕穗期看苗施肥；灌浆结实期用尿素进行根外追肥效果较好。

（三）科学排灌，搞好水浆管理

水浆管理对提高优质稻的产量和品质具有十分重要的作用。优质稻生产前期的水浆管理旨在减少无效分蘖并减少主穗与分蘖穗之间的差距，为提高稻米的品质打下基础。后期的灌排措施是要提高根系活力，进而提高品质和产量。因此，分蘖期要求浅水促蘖，分蘖后期旱育稀植的优质杂交稻宜适当晒田，不宜重晒，优质常规稻及抛栽的优质杂交稻宜够苗重晒；减少无效分蘖并增强稻株抗倒能力；幼穗分化期、抽穗期和灌浆期要浅水灌溉，不宜断水过早，干旱季节要灌水防旱，以免脱水过早影响稻米的外观品质和蒸煮食用品质；灌浆成熟期要做到干湿壮籽；蜡熟期排水晒田，促进成熟；收割时，做到田间无水，以免稻谷浸泡在水中影响米质。

（四）及时收获，防止曝晒

及时收获可以防止稻米内部的结构发生变化，是优质稻生产的重要环节。中稻成熟后期温度高，如不及时收获，不仅会使垩白增大，影响精米率，而且还会导致糊化温度升高及胶稠度变硬。如遇阴雨天气而不及时收获，将使稻谷含水量过高，导致裂纹米增多，精米率下降。及时收获还要避开雨天，否则会引起稻谷高温发热或发酵变色。此外，优质稻谷的适时收获还要考虑成熟度，一般稻谷含水量 19%~21%时已充分成熟，此时收割出米率和精米率都较高，而且香味最好。收割后要及时干燥。在有露水或细雨的情况下收割或采取不适当的干燥方法，会引起米粒产生裂纹，并引起真菌感染和真菌毒素的污染。在强烈阳光下高温曝晒，会使稻米发生横纹，降低精米率。因此要改强烈阳光曝晒为阴干、风干或间歇晒谷，防止稻米发生断裂，提高整精米率。有条件的地方，实行机械干燥效果更好。

第三节 水稻的病虫害防治

一、水稻病害诊断与防治

（一）水稻纹枯病

1. 病害概述

稻纹枯病在早、晚稻发生普遍且严重，无论发生面积还是为害损失均居水稻病虫害之首。水稻感病后，轻则影响谷粒灌浆，重则引起稻株枯萎倒伏，秋粒增加，千粒重降低，产量损失很大。稻纹枯病主要以菌核在土壤中越冬，第二年春季随着灌水犁耙，漂浮在水面上的菌核萌发抽出菌丝，侵入叶鞘形成病斑，在病斑上再长出菌丝，向附近蔓延，引起新病斑。以后病斑部产生菌核，落在水中，随水流传播蔓延。气温 20℃以上开始发病，25~31℃和多雨是病害流行的有利条件。凡高温高湿、偏施氮肥、植株柔嫩、披叶多、透光差，以及长期深水灌溉和多雨天气，发病就重（图 1-4）。

图 1-4 水稻纹枯病

该病一般从分蘖期开始发病，分蘖后期、孕穗至抽穗期最易感病，孕穗期前后发病达到最高峰。早稻发病始期一般为 5 月上旬，流行期为 6 月上中旬，晚稻发病始期为 8 月中下旬，流行期为 9 月上中旬。

2. 综合防治方法

水稻纹枯病的防治应以农业措施为基础，结合药剂防治。

（1）抓好以肥水管理为中心的栽培防病：做到合理密植、合理施肥、湿润灌溉、适时晒田，肥料应注意施氮、磷肥、增施钾、锌肥。以施足基肥、保证穗肥为原则，水稻生长中期不宜施氮肥提苗。灌水要贯彻“前浅、中晒、后湿润”的原则。

（2）药剂防治：以保护稻株最后 3~4 片叶为主，施药不宜过早（拔节期以前）或过迟（抽穗期以后）。药剂选择：5%井冈霉素水剂每亩150毫升，或12.5%纹霉清水剂100~200毫升，或20%纹霉清悬浮剂60~100毫升，或15%粉锈宁可湿性粉剂50克兑水50~70千克喷雾。喷雾时要保证用水量，喷到稻株中、基部。

（二）稻瘟病

1. 病害概述

稻瘟病常见的有叶瘟和穗颈瘟两种。该病蔓延快、为害重，流行年份一般每亩减产10%~20%，严重的减产40%以上。病原以分生孢子和菌丝体在稻草和稻种上越冬，病菌孢子借气流、雨滴、水流、昆虫传播。叶瘟以分蘖盛期和孕穗末期最易感病，穗瘟则以破口期最易感病。菌丝生长温度范围在8~37℃，最适温度26%~28%，孢子形成温度范围在10~35℃，最适温度25~28℃，相对湿度在90%以上，多雨潮湿天气是病害流行的主要条件。偏施、迟施氮肥，土壤干旱或长期深灌，冷水灌田或日照不足，种植感病品种，都容易诱发稻瘟病（图1-5）。

图1-5　稻瘟病

2. 综合防治方法

稻瘟病防治应采用以种植抗病优质品种为中心，健身栽培为基础，药剂保护为辅助的综合防治措施。

（1）合理利用抗病品种。稻瘟病菌生理分化显著，高抗品种大面积种植容易丧失抗病性，利用抗病品种要注意选择适合本地区的抗病良种，注意抗病品种的合理布局，切忌抗病品种大面积单一种植。

（2）科学田间管理。培育壮秧，施足基肥，增施钾肥、锌肥、有机肥，巧施穗肥，适时晒田。

（3）药剂防治。叶瘟应在发病初期（病叶率3%时）喷药保护，穗瘟在抽穗初期喷药保护，以后视天气情况决定喷药次数。药剂选择：每亩75%三环唑可湿性粉剂30克或40%富士1号100克或40%克瘟散乳油150~200克。为了保证药剂防治效果，每亩应保证50千克用水量，不宜盲目加大用药量。

二、水稻虫害诊断与防治

（一）稻飞虱

1. 虫害概述

稻飞虱是远距离迁飞、具有爆发性和突发性的害虫。其种类很多，主要以灰飞虱、白背飞虱和褐飞虱为主，成虫有长、短翅型两种。这 3 种飞虱均以成虫和若虫群集稻株基部刺吸汁液，造成叶片枯黄，严重时全株枯死，出现“踏圈”现象，导致减产。稻飞虱一年发生 7~8 代，世代重叠。早春旬均温高于 10℃越冬若虫开始羽化，生长最适温度 15~30℃。成虫趋光性强，卵多产于叶鞘里。温暖高湿的气候有利于稻飞虱繁殖为害。一般初夏多雨、盛夏干旱的年份，易导致白背飞虱大发生；夏秋多雨、盛夏不热、晚秋暖和，有利于褐飞虱发生。水稻后期贪青徒长，田间荫蔽、高湿，对褐飞虱的发生与繁殖非常有利（图 1-6）。

图 1-6　稻飞虱

2. 综合防治方法

（1）农业防治。做到科学用水、浅水勤灌、适时露晒田、合理施肥，避免禾苗徒长贪青，抑制稻飞虱的生长繁殖。

（2）保护利用天敌。不使用甲胺磷等剧毒并对天敌有杀伤作用的农药，采用选择性药剂，调整用药时间，减少用药次数，以避免大量杀伤天敌，发挥天敌控制作用。稻飞虱的天敌种类很多。其中寄生卵、捕食卵的主要有稻虱缨小蜂和黑肩绿盲蝽；成若虫的天敌主要有螯蜂、线虫、蜘蛛和寄生菌等，它们对稻飞虱的发生都有不同程度的抑制作用。

（3）药剂防治。主要药剂有吡虫啉、叶蝉散、优乐得、优佳安、好年冬、米乐尔、爱乐散、巴沙、爱卡士和扑虱灵等。

（二）稻纵卷叶螟

1. 虫害概述

稻纵卷叶螟属于水稻上常发的一类重要的迁飞性害虫，又名苞叶虫、刮青虫等，在我国各水稻生产区均可发生，主要以幼虫对水稻产生危害，可导致水稻枯萎死亡，降低产量。

稻纵卷叶螟的成虫体长平均为 8 毫米，体表为淡黄褐色，前翅上有 2 条褐色的横向线条，2 线之间有 1 条短线，外缘可见到 1 条较宽的条带，为暗褐色，后翅同样有横向的线 2 条，外缘具宽带。老熟幼虫的体长平均在 16 毫米左右，最长约 19 毫米，低龄幼虫颜色初为绿色，之后转为黄绿，成熟的幼虫胸部毛片外围颜色为黑色，背部为橘红，腹部毛片的颜色为黄绿。蛹为长圆筒状，初期颜色为黄色，之后转为褐色，体长 7~10 毫米，末端有明显的尾刺突出，带 8 根钩刺（图 1-7）。

图 1-7　稻纵卷叶螟

稻纵卷叶螟初孵幼虫多数在心叶内取食危害，取食后的位置出现一些小点（针头大小），有的幼虫先进入叶鞘内取食，之后随着虫龄增加，吐丝缀于水稻叶片边缘，最后将叶片卷曲成卷筒状包住虫体，幼虫在虫苞内取食叶肉，在叶片表面留下条斑，影响水稻生长。

2. 综合防治方法

（1）做好预测预报工作。

结合大田普查资料以及系统调查等数据开展田间虫害的测报工作，如调查田间稻纵卷叶螟的卵量、诱虫灯诱捕的虫量、田间赶蛾的虫量等，并根据当地的气象资料，对稻纵卷叶螟主害代的发生时间、发病程度，以及发生区域等做出较准确的预测，指导各地适时开展防治。

（2）农业防治。

一是栽植综合抗性强的水稻品种，提高对稻纵卷叶螟的抗性水平；二是加强施肥管理，合理把握好施肥时间及施肥量，为水稻健壮生长提供良好条件，防止水稻前期长势过旺、后期贪青晚熟等；三是科学管水，田间的湿度条件要适时调节，控制好水稻的搁田时间，在稻纵卷叶螟孵化时适当降低田间相对湿度，或者在化蛹集中期灌深水，保持 2~3 天，以杀死田间虫蛹，降低稻纵卷叶螟的虫口基数。

（3）生物防治。

近年来，食品安全问题越来越受重视，人们对农产品病虫害的防治提出了更高要求，要尽量减少化学药剂的使用，多采取生态友好型的生物防治措施。赤眼蜂是稻纵卷叶螟的天敌，通常在稻纵卷叶螟产卵期释放赤眼蜂效果最佳，具体的释放量根据田间卵的密度确定。经过抽样调查，如果田间卵的密度低于 5 粒/丛，则释放赤眼蜂量 15 万头/公顷；如果卵的密度为 10 粒/丛，则放蜂量为 45 万~75 万头/公顷，一般需要放蜂 3~

5次。

（4）化学防治。

药剂防治要抓好关键期，稻纵卷叶螟在水稻分蘖期、穗期危害严重，因而要结合当地病虫害预测预报以及气候特点做好这2个时期的防治工作。针对性地选择药剂，结合每代稻纵卷叶螟的发生时期开展防治。2代成虫迁入时间难以监测，因而不易集中防治；3代稻纵卷叶螟在其迁入高峰期后1周左右为最佳防治时间；4代成虫一般在产卵前3天左右为最佳防治时间；由于4代成虫产卵前期持续的时间较长，一般可超过10天，历年3代和4代害虫往往重叠发生，不易区别防治，因而常综合防治。尽量选择毒性低、效果持久、残留期短的药剂类型，以免污染环境，危害田间有益生物，增加水稻的农药残留量。不同类型的药剂施用时间与用量有所差异，比如在稻纵卷叶螟迁入高峰期用邻甲酰氨基苯甲酰胺类杀虫剂效果很好，但是在1龄以后防治效果则不理想，此期选用邻甲酰氨基苯甲酰胺类农药，配施适量阿维菌素，防效较佳。施药防治期间要保持田间水层3~5厘米，持续3~4天为宜；配制农药时要采取二次稀释法，且喷药要确保均匀、不重喷、不漏喷。

（三）二化螟

1. 虫害概述

二化螟是水稻生长过程中一种主要的害虫，一般能够导致水稻减产3%~5%，严重时能够达到18.5%。

二化螟一生要经过成虫、卵、幼虫、蛹4个虫期。成虫为小蛾，雌蛾体长1.5厘米，白天在稻丛中静止潜伏，有趋光性。卵刚产下为乳白色，产在稻叶背面靠近主叶脉处，呈鱼鳞状排列。老熟幼虫头部红褐色，体长2~2.8厘米。二化螟幼虫具有群集危害和转株危害习性。3龄前在水稻分蘖期和孕穗期，先群集在叶鞘内危害，一个叶鞘内幼虫达5~16头，3龄后身体逐渐长大，开始分散寻找新的植株进行危害。

以幼虫钻蛀稻秆为害，水稻在不同的生育期均受害，形成不同的被害症状。叶鞘受害造成“枯鞘”，分蘖期受害造成“枯心”，孕穗期受害使稻穗不能抽出形成“枯孕穗”，抽穗期受害形成“白穗”，乳熟期以后受害成为“虫伤株”。对水稻产量影响最大的是“枯心苗”和“白穗”（图1-8）。

图1-8　二化螟

2. 综合防治方法

（1）农业防治。

①消灭越冬场所。割净池埂、水渠边的稗草、香蒲、芦苇等杂草。在化蛹前将稻茬、稻草粉碎还田，尤其是有虫稻草要及时处理掉。成虫期可用灯光诱杀。

②选优良品种，适施氮肥，增施钾肥。提高植株的抗逆性。

（2）化学防治。

①防治时期要准。在幼虫孵化后、钻蛀为害之前及时打药，观察田间枯鞘率达 1%时，即可进行第一次用药。过 10 天后第二次用药。

②打药方法要对。在发生较重的地块进行普遍打药防治，在发生较轻的地块进行局部防治，即在有虫株周围打药，防止二化螟幼虫转株危害。通常可采用以下几种药剂及方法进行防治：亩用 5%锐劲特胶悬剂 30 毫升喷雾，60%杀虫单胺 500～600 倍液喷雾；亩用 25%噻嗪，杀虫单泡腾剂 60 克进行甩施；亩用 20%三唑磷 100 毫升兑水 15 千克喷雾。

第二章　小麦的高产栽培及病虫害防治技术

小麦是我国传统的主要粮食作物之一，也是我国人口众多的北方地区的主食，其消费量占全国粮食消费总量的一半以上。因此，做好小麦的高产栽培和病虫害防治技术，对保证小麦产量具有重要的作用。

第一节　小麦的生长发育

任何一种植物，从生物学角度，其生长过程都可以划分为不同的时期，小麦也不例外。小麦的生长周期是指从种子萌芽到产生新的成熟种子这段完整的过程，其中冬小麦的生长周期为230~270天。小麦一生可以划分为12个生育期，每个生育期判定标准并不相同。

一、出苗期

小麦的第1片真叶露出地表2~3厘米称为出苗。田间有50%以上麦苗达到标准的时间，为该田块的出苗期。

二、三叶期

麦田间50%以上的麦苗，其主茎第3片绿叶伸出2厘米左右，为三叶期（图2-1）。

图2-1　小麦3叶期

三、分蘖期

小麦田有 50%以上的麦苗，第 1 个分蘖露出叶鞘 2 厘米左右时，为分蘖期。年前的分蘖期意义重大，其分蘖被称为有效分蘖，是小麦亩产量的主要源泉。

四、越冬期

冬小麦主产区冬前平均气温降至 1℃以下后，几乎所有麦苗会停止生长。这段停止生长的时期被称为越冬期（图 2-2）。

图 2-2　小麦越冬期

五、返青期

春季气温回升后，小麦叶片由紫色或紫红色变为绿色，心叶逐渐抽出时，开始返青，进入返青期。有的地方种植户会在这个时期浇一次返青水，促进小麦快速生长。

六、起身期

小麦由匍匐状变成直立，主茎第 1 片叶叶鞘拉长并和年前最后叶叶耳距相差 1.5 厘米左右，茎部第 1 节间开始伸长但尚未伸出地面时，为起身期（图 2-3）。

图 2-3　小麦起身期

七、拔节期

小麦全田50%以上植株，主茎部第1节间露出地面1.5~2厘米时，为拔节期。这是小麦营养生长和生殖生长并进的时期，初期为营养生长，后期即将进入生殖生长。

八、孕穗期

有的地方称为挑旗，旗叶正式从叶鞘中抽出，包裹着幼穗的部位明显膨大，田间一半以上麦穗出现此类现象时，称为孕穗期（图2-4）。

图2-4　小麦孕穗期

九、抽穗期

整块小麦田50%以上的麦穗由叶鞘露出叶长的二分之一时，为抽穗期。

十、扬花期

全田50%以上麦穗中上部小花的内外颖张开、花药散粉时，为扬花期。小麦的开花顺序是有讲究的，先是中部开花，其次是上部和下部。

十一、灌浆期

约在开花后10天左右营养物质迅速运往籽粒并累积起来，籽粒开始沉积淀粉，胚乳呈炼乳状（图2-5）。

图 2-5　小麦灌浆期

十二、成熟期

小麦胚乳呈蜡状、籽粒开始变硬时，为成熟期。这个时期根据天气情况判断小麦具体的收割时间。

以上就是小麦的 12 个生育时期。每一个物候期都有典型的生长特点，可以据此判断小麦处于哪个生长阶段。

第二节　小麦的高产栽培技术

一、旱地改制

改革旱地耕作制度，实行带状种植，可适时播种玉米，达到趋利避害的目的。要本着突出玉米的原则，合理确定带距带比，在小麦播种时预留好玉米播种的空行。可因地制宜采用“双二五”“双三零”和“双六零”带植模式。

(一)“双二五”中厢带植模式

播小麦时 1.7 米开厢，小麦（或马铃薯）预留空行各占地 0.8 米，在预留空行带播（栽）两行玉米，小麦（或马铃薯）收后茬口带起垄栽两行红苕。该模式适宜迟春早夏播玉米区采用。

(二)“双三零”中厢带植模式

播小麦时 2 米开厢，小麦（或马铃薯）和预留空行各占地 1 米。春季在预留空行带播（栽）2 行玉米，小麦（或马铃薯）收后茬口带起垄栽 2 行红苕。该模式适宜在早春播玉米区采用。

(三)“双六零”宽厢带植模式

播小麦时 4 米开厢，小麦和预留空行各占地 2 米。春季在预留空行带播（栽）4 行玉米，小麦收后茬口带起垄栽4行红苕。该模式是在目前中厢带植改制基础上发展起来的一种新种植模式，该模式带距行比加大，有利实行粮经间作。小春预留空行可多套种蔬菜，大春可实行玉米、花生等粮经间作。还可在麦苕带增种一季二季玉米，多收一季庄稼，在春玉米收后茬口带作一季秋菜，有利抗旱增产，全年增收。该模式适宜在城市郊区、粮经混作区和盆中丘陵旱区采用。

二、麦田耕作整地

耕作整地的目的，在于创造一个良好的耕层构造，使水、肥、气、热等因素达到运动平衡，既适合小麦发芽出苗和生长发育，又有利于微生物的活动和有机质的分解与积累。同时，耕作也可以翻埋残茬和有机肥料，控制杂草及病虫害。精耕细作是我国小麦生产的一项基本措施。

（一）旱地

旱地小麦的前作很多，复种轮作方式也极不相同，耕作技术应区别对待。前作收获早者（玉米、高粱等），虽有充裕的整地时间，但为了接纳秋雨，并在较高气温下使残茬腐烂，所以应尽早先行浅耕灭茬，然后再深翻炕土，掩埋杂草及病虫，当土变白后及时耙细整平，保墒防旱，使小麦发芽出苗有足够水分。前作收获较迟者（甘薯、棉花、晚秋等），收播时间紧迫，必须随收随耕，或在前作宽行中进行中耕松土，播前再耙细整平，抢时播种。

（二）稻茬麦田

稻田土壤由于长期淹水，导致黏粒沉积、土爆板结，尤其是质地黏重的各种泥田，宜耕期短、宜耕件差，耕后还易形成大犁坯，干后不易破碎，或者土壤压板，破坏结构，都会影响整地质量。实践证明，在水稻黄熟期即提早排水，收后又及时搞好田间排水系统，开好“三沟（厢沟、边沟、腰沟）”，是减少土壤水分、降低地下水位、提高整地质量的基础。掌握宜耕时期，翻耕晒垡，促进土壤熟化和释放养分，播前再耙细整平。宜耕期的标准，为土壤含水量14%~20%，黏土较窄，时间亦短。江河两岸由冲积土壤形成的稻茬麦田，质地较沙，排水良好，宜耕期亦长，但为了熟化土壤或增种一季蔬菜、饲料、晚秋作物等，也应及早耕翻炕土，活化耕层。秋旱严重的年份，整地时如果土壤干旱，可以先灌“跑马水”，然后耕翻，或在耕翻后灌跑马水，再适时耙细整平，有利提高整地质量，并使播种深浅一致和出苗整齐。

耕翻深度应达15~20厘米。若机械化程度较高、土层较厚的土壤亦可深至20~25厘米，以便扩大根系分布范围。当然，深耕应逐步进行，避免翻出生土，而且要结合施用有机肥，才能更好地达到改善结构和提高肥力的目的。

三、基追肥的合理运用

肥水的合理运用既要根据作物产量形成的需要，又要考虑各生育期土壤供肥能力（受土壤、气候、肥料种类等的影响），使一定量的肥料发挥最大的增产效果，以达到高产优质的目的。

（一）基肥

施足基肥是小麦高产的重要措施。其作用一方面满足小麦苗期对养分的需要，促进壮苗的形成和分蘖早发，使生长锥能正常分化，从而为高产奠定良好的基础；另一方面是，较多的有机肥施入，肥效长而稳，能改善土壤结构，促进微生物的活动。

基肥的种类应该比较全面，以有机肥料为主，配合适量的氮、磷化肥，在缺钾地区，还应配施钾肥，堆厩肥、饼肥和磷肥一般应全部作基肥施用。腐熟人畜粪尿和速效化学氮肥也应有相当数量作为基肥施用。堆厩肥、饼肥和磷肥充分混匀后作盖种肥，化学氮肥溶解在清粪水里集中施于播种穴（沟）内，既比较方便，又能达到集中施肥的目的，效果较好。多年来大面积实践经验证明，10 千克左右尿素，溶解在 2000~2500 千克的清粪水中施下，是安全的，不会影响出苗和幼苗生长，只有把较大数量的化肥作基肥干施，并与种子相接触，才会影响出苗。

由于秋雨过多或排水困难，可将腐熟优质有机肥与速效化肥混匀后集中施于种子附近，这种施肥法对肥力较低或迟播麦苗更具积极作用。

（二）分蘖拔节、孕穗期追肥

在施足基肥的基础上，看苗追肥，能及时满足小麦各阶段生长发育对养分的需要。在土壤干旱的情况下，还可结合追肥进行浇水，满足小麦对水分的需要。

小麦追肥的关键时期是二、三叶期和拔节期。

一般的原则是：在中、低产阶段，肥料不多的情况下，重前期追肥；在高产阶段，肥料施用较多的情况下，要注意拔节、孕穗肥的施用。注意看苗用肥，因苗促控，灵活掌握。

（1）施用二、三叶肥，促根增蘖，小麦出苗主要依靠胚乳的养分，到第二真叶长出后，就开始受土壤营养条件的影响。三叶期后，麦苗开始长出分蘖和次生根，春性品种的幼穗也开始分化。如土壤缺乏速效养分，或者过于干旱，则麦苗的第四、五叶片狭小，分强迟缓，并影响次生根的生长和幼穗的正常分化。一般在二、三叶期将化学氮肥兑在腐熟的人畜粪尿中施用。如果土壤过于干旱，应多兑清水，增大粪水用量。

（2）巧施拔节、孕穗肥。小麦拔节孕穗期营养生长和生殖生长并进，是生长发育最旺盛的时期，对营养需求大大增多，如果肥水不足将促使大量分蘖不能成穗，上部叶片短小，小花分化不良，导致穗少、穗小，严重影响产量。如果氮肥过多，将使后期叶片肥大，无效分蘖迟迟不消退，造成群体过大，田间阴蔽，不仅茎秆软弱，容易倒伏，而且会影响后期有机物的合成和向籽粒转运，导致贪青晚熟，同样影响产量。

（三）叶面喷肥

一般认为，开花灌浆期叶面喷施氮、磷肥，能提高粒重，增加产量。试验表明，在中等和上等麦田，扬花灌浆期叶面喷施不同浓度的速效氮肥、磷肥和氮磷肥，均未收到显著提高粒重和增加产量的效果。此外，近几年研究指出，中后期喷施生长调节剂能提高穗粒数和千粒重。据此，对后期叶面喷肥和喷施生长调节剂的有关理论和技术，需在不同条件下进一步作严格的试验，以肯定其增产效果和适用范围。

第三节 小麦的病虫害防治

一、小麦病害诊断与防治

（一）锈病

1. 病害概述

锈病可分为条锈病、叶锈病和秆锈病 3 种，其中，以条锈病较为普遍，感病小麦无法进行光合作用，影响小麦对水分的吸收，严重时小麦叶、秆干枯，穗小，秕粒，导致减产（图 2-6—图 2-8）。

图 2-6 小麦条锈病

图 2-7 小麦叶锈病

图 2-8 小麦秆锈病

锈病发展分为三个阶段：一是发生期，在越冬前后出现，其病叶表现不太明显；二是潜伏初期，即小麦返青到孕穗期，开始由单片病叶向四周扩散；三是流行期，很快使病叶发展到发病中心，使整个麦田受染患病。锈病是一种气传病害，其防治关键期是冬季。

气温在5~10℃时病菌繁殖较快，在1~4℃时也能繁殖。它喜欢温暖、潮湿的环境，喜在播种早、低洼地湿、窝风、大树遮阳和易感品种等的麦田潜伏。

2. 综合防治方法

（1）农业防治。

选用抗病品种是防治小麦锈病最经济有效的措施。由于小麦锈病病菌新的品种不断产生，要不断选育新抗病丰产品种，并注意小麦品种搭配轮换种植，避免长期种植单一品种。同时应及时播种，防过早或过晚，合理密植避免群体过大。施足基肥，增施磷、钾肥，实行配方施肥，巧施追肥，提高小麦抗病能力。切忌氮肥偏多偏晚。多雨时排水，降低湿度，发病后由于植株失水过多，要及时灌水以减轻为害。秋播前要铲除麦场、麦田周围、路边、沟边的自生麦苗，以减少越夏苗菌源。

（2）药剂防治。

防治锈病要因地制宜，如发现单片病叶，应切叶深埋，并在麦田喷施保护剂；如果病叶较多，面积较大，就应先喷施杀菌剂，再在其周围麦田喷洒保护剂。当大田条锈病、叶锈病病叶率5%，秆锈病病秆率1%~5%时，可用20%粉锈宁乳剂，每亩50毫升，或15%粉锈宁可湿性粉剂，每亩75克，加水50~60千克喷雾，此外，亦可用双效灵、5%过磷酸钙过滤液等进行防治。常用的保护剂有1.003克/毫升的石硫合剂、100倍液的食盐水。春季锈病发生范围广，为害更大，应及时中耕，普遍喷施5%氨基苯磷溶液进行综合防治。

（二）白粉病

1. 病害概述

小麦白粉病是由真菌引起的病害。病菌的孢子随气流传播到感病品种的植株上后，以为害叶片为主，发病症状以叶片正面较为明显，叶鞘、茎秆和穗部也受害。受害叶片初期形成灰白色小霉点，后逐渐扩大成圆形或椭圆形绒状霉斑，严重时霉斑相互连成一片，以至覆盖全叶，以后逐渐变为灰色，最后呈灰褐色，其上散生黑色小点（图2-9）。

图2-9　小麦白粉病

小麦白粉病病菌通常以菌丝体在冬麦苗上越冬。对温度、湿度较为敏感。黄淮麦区冬前气温偏低，病害不易发生。次年初春，温度回升至12℃时，病苗即发生分生孢子，进行初次侵染。当环境温度适宜，湿度70%以上时，极易造成病害流行。

2. 综合防治方法

（1）农业防治。

①选用抗病品种：目前各地选育出的抗病品种较多，各麦区可根据实际情况选择适当品种种植。

②加强栽培管理：合理密植、施肥和灌溉，以促进通风透光，防止倒伏，使小麦植株生长健壮，增强抗性。

（2）药剂防治。

发病初期，可结合锈病、赤霉病进行防治。以下药剂，每亩喷施100千克。

①1.003克/毫升的石硫合剂喷雾。

②70%甲基托布津可湿性粉剂1000倍液喷雾。

③50%乙基托布津可湿性粉剂1000倍液喷雾。

④50%福美锌可湿性粉剂300~500倍液喷雾。

⑤50%退菌特可湿性粉剂1000倍液喷雾。

⑥40%灭菌丹可湿性粉剂800~1000倍液喷雾。

⑦25%多菌灵可湿性粉剂500倍液喷雾。

⑧25%粉锈宁可湿性粉剂每亩16克兑水60千克喷雾，防效达84%，残效期30天。

（三）赤霉病

1. 病害概述

赤霉病是小麦生产上的灾害性病害，其寄主范围很广，能侵染多种栽培作物，而且能够在多种作物的残体上存活（图2-10）。寄主植物主要有：小麦、大麦、青稞、燕

图2-10　小麦赤霉病

麦、黑麦、水稻、玉米、马铃薯、甜菜、番茄、豆类、瓜类、茄子等，尤以小麦、玉米、水稻残体最适合其生长。小麦赤霉病不仅会造成严重减产，更重要的是恶化籽粒品质，降低种用价值，赤霉病在作物籽粒内会产生多种真菌毒素，其中以脱氧雪腐镰刀菌烯醇（DON）毒性最强，食用后会引起眩晕、发烧、恶心、呕吐、腹泻等急性中毒症状，严重时会出血，影响免疫能力和降低生育能力等，直接对人、畜的健康和生命安全

构成威胁。小麦赤霉病病粒去毒处理方法主要有汰除法、去皮法、水浸法等。病粒较轻，可利用风筛、水选等予以分离。一般连续通过3次风车或扬场机选2次，病粒基本可以剔除；赤霉病毒素在病粒外层含量高，用碾米机把病粒外皮剥去，可减少毒素含量；用清水或5%石灰水连续浸泡2次，亦可减少毒素含量。

2. 综合防治方法

（1）农业防治。

小麦播前要做到深耕灭茬，消灭菌源。深耕细耙，把前作留在土表的残体翻埋土下，对未掩埋的残茬秸秆，应清除烧毁或沤肥。在小麦播种时，可结合防治其他病害进行种子处理。对带病的种子，可先用25%食盐水或40%泥水漂洗，然后再用1%石灰水浸种。加强田间管理，麦田要开沟排水，降低地下水位和田间湿度。要做到雨过田干，沟内无积水。适当早播，多施磷、钾肥，促进麦苗生长健壮和提早成熟，增加抵抗力。

（2）药剂防治。

药剂防治要结合防治其他病虫害进行，选好药。防治的关键时期是小麦开花到灌浆阶段。第一次喷药应略早于病菌孢子大量飞散、病害将要盛发时期，一般在小麦扬花株率达到10%以上，当气温高于15℃时，气象预报连续3天有雨，或在10天内有5天以上的降雨天气，或有大雾、重雾，就要开始施药，隔7天左右再喷1次药，对轻病区可防治1次，重病区要防治2次。每亩用25%赤霉清70克，加15%粉锈宁粉剂50克，加肥力宝2包兑水60千克手动喷雾或兑水20千克机动弥雾，喷药时应注意全株喷匀喷周到，以确保防治效果。

二、小麦虫害诊断与防治

（一）吸浆虫

1. 害虫概述

小麦吸浆虫是一种毁灭性的害虫，对小麦的产量和质量影响非常大，它可使小麦常年减产1~2成，吸浆虫大发生的年份可减产4~5成，严重者达8~9成。小麦吸浆虫有麦红吸浆虫和麦黄吸浆虫两种，在我国基本上1年发生1代，以成长的幼虫在土中结茧越夏越冬，来年春天由土壤深层向地面移动，然后化蛹羽化为红色或黄色的成虫，体形像蚊子，再飞到麦穗上产卵。害虫的发生大多数与小麦生长阶段相当，当小麦抽穗时，成虫羽化飞出，当小麦抽齐穗时，大部分虫子都飞出来到麦穗上产卵，经过4~5天，孵化出小幼虫，幼虫钻到麦穗的麦粒上，用嘴刺破麦皮，吸食流出的浆液，造成麦子秕粒，导致减产。幼虫经过15~20天，便离开麦穗钻入土壤，一般在离地面10厘米左右的表土最多，随湿度的降低而钻入地下20厘米左右处过冬（图2-11）。

图 2-11　小麦吸浆虫

2. 综合防治方法

（1）农业防治。

在吸浆虫发生严重的地区，由于害虫发生的密度较大，可通过调整作物布局，实行轮作倒茬，使吸浆虫失去寄主。可实行土地连片深翻，把潜藏在土里的吸浆虫暴露在外，促其死亡，同时加强肥水管理，春灌是促进吸浆虫破茧上升的重要条件，要合理减少春灌，尽量不灌，实行水地旱管。施足基肥，春季少施化肥，促使小麦生长发育整齐健壮，减少吸浆虫侵害的机会。

（2）药剂防治。

防治小麦吸浆虫以有机磷杀虫剂为主，特别是以蛹盛期施药防治效果最好，可以直接杀死一部分蛹和上升的土表幼虫，同时抑制成虫。蛹期以粉剂或乳剂制成毒土（或毒沙）撒施。

（二）麦蚜

1. 害虫概述

麦蚜俗称小麦腻虫，主要有麦长管蚜、麦二叉蚜、麦禾缢管蚜、麦无网长管蚜。麦蚜主要寄生在作物的茎、叶及嫩穗，刺吸为害，吸取汁液使叶片发黄或全部枯黄，生长停滞，分蘖减少，籽粒不结实，对产量影响较大。麦蚜还能传播小麦黄矮病毒病（图 2-12）。

图 2-12　麦蚜

2. 综合防治方法

（1）农业防治。

在南方禾谷缢管蚜重发区，减少秋玉米面积，切断中间寄主，可减少蚜虫发生。冬麦区适期晚播与旱地麦田冬前冬后碾磨，可压低越冬虫源。清除田间杂草和自生麦苗，可减少麦蚜的适生地和越夏寄主，明显减轻蚜虫的发生。华北冬麦区小麦与油菜或绿肥间作，有利于天敌的存活和大量繁殖。

（2）保护利用天敌。

麦蚜的天敌种类很多，有瓢虫类、草蛉类、食蚜蝇类、蚜茧蜂、食蚜蜘蛛和蚜霉菌等，其中，以瓢虫的捕食蚜量最大，蚜茧蜂的寄生率最高。当天敌与麦蚜比在 1∶150 以上时，天敌可有效控制麦蚜，不必施药。

（3）药剂防治。

当田间天敌与麦蚜比在 1∶1500 以下时，每亩可用 50%抗蚜威 8～10 克，兑水喷雾，既可有效防治蚜虫，又不伤害天敌。未经种子处理的田块，当苗期蚜株率达 5%，或百株有蚜 20 头左右时就要喷药防治。在扬花灌浆初期，百株蚜量超过 500 头，天敌与麦蚜比在 1∶150 以下，又无大风雨量时，每亩可用 25%氧乐氰乳油 30 毫升，或 90%万灵粉 10 克，或 2.5%敌杀死乳油 10～13 毫升，兑水 50 千克，或一遍净（10%吡虫啉）10～20 克/亩，兑水 30～40 千克喷雾，或 3%啶虫脒乳油 2500～3000 倍液，均匀喷雾。

第三章　玉米的高产栽培及病虫害防治技术

玉米是我国重要的粮食作物，且种植面积随着市场需求的增大而不断扩大。本章介绍了玉米高产栽培及病虫害防治技术，以期全面提高玉米产量。

第一节　玉米的生长发育

玉米从播种到新籽粒成熟所经历的天数称为生育期。生育期长短因品种、播期及光照、温度等环境条件而不同。晚熟品种（即品种叶片数目较多）或播种较早、温度较低、日照较长的条件下，生育期较长；反之，则较短。

一、玉米的生育时期

（一）出苗期

播种后幼苗第一片叶出土，苗高 2 厘米为出苗标准，全田幼苗达 50% 以上时记载为出苗期（图 3-1）。

图 3-1　玉米出苗期

（二）拔节期

玉米拔节期近地面节间伸长 2~3 厘米为拔节，全田 50% 以上植株达此标准记载为拔节期。以雄穗生长锥进入伸长期为拔节期的主要标志。以叶片数为 20 的玉米品种为例，植株有 6~7 片展开叶（图 3-2）。

图 3-2　玉米拔节期

（三）大喇叭口期

“棒三叶”（果穗叶及上下两片叶）大部分伸出而未展开，甩开呈喇叭口状，有 12~13 展开叶。雌穗进入小花分化期，距抽雄 10~15 天。

（四）抽雄期

植株雄穗尖端露出顶叶 3~5 厘米为抽雄，全田 50%以上植株达此标准记载为抽雄期。营养生长基本结束，且植株高度不再增加（图 3-3）。

图 3-3　玉米抽雄期

（五）吐丝期

植株雌穗花丝露出苞叶 2 厘米左右（图 3-4）。

图 3-4　玉米吐丝期

（六）成熟期

籽粒乳线消失，胚位下方尖冠黑色层形成，苞叶变白而且松散。

二、玉米生育阶段

玉米从播种到成熟一般可分为三个阶段。

（一）苗期阶段

指从播种到拔节。包括种子萌发、出苗及幼苗生长的过程，主要是长根、长叶和茎节分化的营养生长阶段。苗期是以根系生长为主，是培育壮苗的主要时期。

（二）穗期阶段

指从拔节到抽雄。在穗期阶段，玉米根、茎、叶等营养器官旺盛生长，同时，雌雄穗生殖器官也在分化发育，是营养生长和生殖生长并进阶段，是决定果穗大小、穗粒数多少的关键时期。

（三）花粒期阶段

指从抽雄到籽粒成熟。此期营养生长基本结束，植株进入以开花、受精、结实为主的生殖生长阶段。是籽粒大小、籽粒重量的决定时期。

第二节　玉米的高产栽培技术

要获得玉米优质高产，必须从玉米播种入手，抓好各项栽培技术措施的落实，保证夏玉米苗齐、苗全、苗壮。良种选择、播种技术、施肥技术措施、种植密度确定及玉米田间管理等系列技术问题，是确保玉米高产优质的关键。

一、玉米生产的关键因素

（一）密度

选育推广耐密型品种，合理增加种植密度，配套机械化作业技术，改变“稀植结大棒”的传统。

（二）整齐度

提高种子质量、播种质量，科学运筹水肥，综合防治病虫草害。

（三）成熟度

黄淮海地区要适时晚收。据研究，适时晚收可以增产10%左右。

（四）均衡度

要搞好中低产田改造，提高土地产出能力，同时改变以往“重夏轻秋”“重粗（粮）轻细（粮）”的思想，实现百亩、千亩、万亩大田均衡增产。

二、选择优良品种

选择品种时首先要考虑成熟期是否对路，一般夏玉米选择生育期在100~105天的品种。选择品种的生育期不能太长，也不能太短。生育期太长，遇到低温多雨年份不能正常成熟，造成大幅减产。特别在关中西部表现得更加明显。关中夏玉米区每10年就有3~4年出现低温寡照年份，频率相对较大，晚熟品种的风险性也就相当大。如果生育期太短，其不能发挥当地的光热条件优势，不利于高产稳产。

在此基础上再考虑品种的丰产性、适应性、抗逆性等。在抗逆性方面主要要考虑品种的抗倒伏能力，以及对主要病害的抵抗能力。

所选品种必须经过正式审定和认定，并在适生区域以内。严禁种植未经审定和认定的玉米品种或越界种植，以免给玉米生产造成重大损失。

三、玉米播种技术

玉米播种对实现玉米高产至关重要，在选择优良品种的基础上，第一要突出一个“早”字。农谚说得好：夏播无早，越早越好。抢时间，争农时是夏玉米高产的一个关键问题。在小麦收获以后不能等待，要尽快抢播夏玉米，尽可能在小麦收获的当天完成玉米播种。关中地区一般播种期为6月15日以前。第二，应选用正规公司生产的通过审定和认定的玉米杂交种，最好选择包衣种子。播种前几天将种子晒一晒，这样可以增强种子的吸水能力和发芽能力。第三，要采用单粒旋耕覆盖播机播种。每窝1~2粒，注意保持株距，行距一致，同时保持播种深度的一致性。等行距播种，一般行距50~65厘米；宽窄行种植时，宽行70~80厘米，窄行30~40厘米。要推广玉米单粒播种技术，尤其是应用玉米精量播种机，按照玉米田间要求的留苗密度及行距、株距，准确播种，一穴一粒，确保“一粒种子一棵苗”的玉米播种技术。第四，要适墒抢墒播种。可视降水情况、土壤墒情及早播种，及时浇水，确保出苗整齐一致。第五，玉米高产必须以培养壮苗为前提。底肥的应用是培育壮苗的主要措施，一般亩施玉米专用复合肥20~25千克或者每亩用二胺 15 千克、尿素 5 千克、钾肥 10 千克、硫酸锌 1.5 千克作为玉米底肥，或者叫玉米基肥，增产效果很好。

总之，夏玉米播种应注意选好品种、及时抢墒、精量机械播种，注意底肥的施用，提高播种质量，保证苗匀、苗齐、苗壮，为玉米丰产丰收打好基础。

四、玉米田间管理

玉米从整地播种到成熟收获整个玉米生长发育过程的田间作业，叫玉米田间管理。玉米田间管理主要是通过玉米各项栽培技术措施来实现的。

（一）合理密植

随着玉米栽培技术水平的发展和生产条件的改善，特别是紧凑耐密的高产抗倒玉米杂交种的推广，玉米产量大幅度增长，提高种植密度是玉米增产的主要技术措施。紧凑型玉米品种，亩种植密度为 4500~5000 株，最高密度可达 5500~6000 株，较高的种植密度才能发挥这些品种的增产优势。而像豫玉 22、沈单 10 号、澄海 11 号等晚熟松散型品种一般种植密度应控制在 3000~3500 株。合理密植还有另一个要求，就是行距和株距要分布均匀，充分保证玉米单株健壮生长，从而实现群体产量的最大化。按行距 60 厘米计算，4000 株密度时，株距 27.8 厘米；4500 株密度时，株距 24.7 厘米；5000 株密度时，株距 22.2 厘米；而 3000 株密度，株距 37 厘米。差异较大。

（二）科学施肥

1. 合理施肥目标

合理施肥应达到高产、优质、高效、防止环境污染和改土培肥等目标。

农谚说得好：庄稼一枝花，全靠肥当家。玉米要高产，施肥是关键。研究证明，每生产 25 千克玉米籽粒平均吸收纯氮 1.3 千克、纯磷 0.61 千克、纯钾 1.09 千克。吸收氮磷钾的比例大致为 1∶0.46∶0.84。这一数量比例可作为施肥时参考。亩产 800 千克的地块每亩需施纯氮 24~25 千克、五氧化磷 8~10 千克、氧化钾 10~14 千克（折合尿素 52~55 千克，标准过磷酸钙 56~63 千克，硫酸钾 15~18 千克）。亩产 750 千克的地块亩施纯氮 15~17 千克、五氧化磷 5~8 千克、氧化钾 5~8 千克。

2. 合理施肥原则

在养分需求与供应平衡的基础上，坚持有机肥料与无机肥料相结合，坚持大量元素与中量元素、微量元素相结合，坚持基肥与追肥相结合，坚持施肥与其他措施相结合。

3. 合理施肥方法

（1）苗肥：一般在幼苗 4~5 叶期施用。

（2）秆肥：又称拔节肥，一般在拔节期，即基部节间开始伸长时追施（在玉米播种出苗到小喇叭口期以前，是以营养生长为主阶段，一般早熟品种在 5~6 片叶展开，中熟品种在 7 片叶展开，雄穗生长锥开始伸长，是玉米的一个最佳施肥期，施肥量约占施肥总量的 30%，这时肥水充足是促进壮苗早发稳长，打好丰产架子的关键）。占总追肥量的 25%~30%。

（3）穗肥：叶龄指数 55%~60%，第 11~12 片叶展开。穗肥一般应重施，施肥量占总追肥量的50%~60%，并以速效肥为宜（大喇叭口期是指雄穗发育至四分体、雌穗发育至小花分化期追施肥料。此时为玉米大喇叭口期，距出穗前10天左右，是营养生长与生殖生长并进阶段，这时玉米的第11片叶展开，植株已形成60%左右，雄穗已开始进行小花分化，是决定雌穗大小和粒数多少的关键时期，这时如果肥水充足有利于玉米穗粒数的增加，是玉米施肥的又一关键时期。施肥量约占施肥总量的60%，主要以氮肥为主，补施一定数量的钾肥也很重要。这时如果供肥不足，势必造成植株大、果穗小而产量不高）。

（4）粒肥：抽雄后，籽粒灌浆期。追施总氮量的10%~20%，以提高叶片光合能力，增加粒重。在雄穗扬花期，当玉米授粉以后，茎秆基本停止生长，进入以生殖生长为主阶段。这时对于供肥不足或在抽穗以后有脱肥现象的玉米来说，应施一次攻粒肥，中产地块和晚熟品种尤为重要，施肥量约占施肥总量的20%。还要注意遇旱浇水，保证后期肥水充足，以延长叶片的功能期，有利于养分的合成、运转和储存到籽粒，达到穗大粒饱产量高的目标。

（三）推迟玉米收获期

玉米高产还应注意推迟收获时间，充分保证玉米灌浆成熟顺利完成。据测定，推迟收获较正常收获增产5%左右，而且能最大限度地发挥当地的光热条件，取得高产，更有利于玉米后期的脱粒和保管，提高玉米品质。

（四）玉米高产栽培的发展方向

玉米栽培技术正在向机械化、简约化发展，将不断减少人工作业环节，实现整个生育过程从整地、播种、化学除草、施肥及后期收获、秸秆还田全程机械化。今后还可能实现玉米籽粒收获，极大地提高玉米生产效率，提升玉米生产的整体栽培水平，更容易实现玉米生产优质高产，提高玉米生产的综合效益。

第三节　玉米的病虫害防治

一、玉米病害诊断与防治

（一）玉米大、小斑病

1. 病害概述

玉米大斑病是玉米重要叶部病害。在我国以东北、西北和南方山区、华北北部的冷凉玉米产区发病较重，一般减产15%~20%，大发生年减产50%以上。玉米小斑病是温暖潮湿玉米栽培产区的重要叶部病害，随着抗病品种的推广，小斑病的发生为害基本得到控制，但由于大面积种植抗单一种病的品种，在一些玉米产区小斑病仍时有严重发生。

玉米大斑病的典型症状是由小的病斑迅速扩展成为长菱形大斑，严重的长达10~30厘米，有时几个病斑连在一起，形成不规则形大斑。病斑最初呈水浸状，很快变为青灰色，最后生出黑色霉状物，即病菌的分生孢子梗及分生孢子（图3-5）。

图 3-5　玉米大斑病

玉米小斑病的症状特点是病斑小，一般长不超过 1 厘米，宽只限在两个叶脉之间，近椭圆形，病斑边缘色泽较深，为赤褐色。此外，病斑的数量一般比较多（图 3-6）。

图 3-6　玉米小斑病

2. 综合防治方法

（1）选择抗性强的品种，采取适期早播、育苗移栽、地膜覆盖等措施或调节茬口、播期。

（2）合理密植与矮秆作物间套作；加强肥水管理，注意拔节和抽穗期追肥，采取避免过旱、过涝等措施；玉米收获后，及时翻耕灭茬；提倡秸秆高温堆肥；避免用玉米秸扎篱等，可以减少初浸染菌源。

（3）发病初期可选用 50%多菌灵可湿性粉剂 500 倍液、50%退菌特可湿性粉剂 800~1000 倍液、80%甲基托布津 800~1000 倍液进行喷雾防治，每亩用药液 60~75 千克。

（二）玉米南方锈病

1. 病害概述

症状与普通锈病相似，但是普通锈病夏孢子堆颜色为锈黄，南方锈病夏孢子堆颜色为橘黄。病原菌侵染后，在叶片上初生褪绿小斑点，很快发展成为黄褐色突起的疱斑，即病原菌夏孢子堆。与普通锈病不同的症状特点主要有，夏孢子堆生于叶片正面，数量多，分布密集，很少生于叶片背面。有时叶背出现少量夏孢子堆，但仅分布于中脉及其附近。夏孢子堆圆形、卵圆形，比普通锈病的夏孢子堆更小，色泽较淡。覆盖夏孢子堆的表皮开裂缓慢而不明显。发病后期，在夏孢子堆附近散生冬孢子堆。冬孢子堆深褐色至黑色，常在周围出现暗色晕圈。冬孢子堆的表皮多不破裂（图 3-7）。

图 3-7　玉米南方锈病

2. 综合防治方法

玉米锈病是一种气流传播的大区域发生和流行的病害，防治上采取以抗病品种为主，以栽培防病和药剂防治为辅的综合防治措施。

（1）种植抗病良种：不同玉米品种对锈病的抗性有较大差异，使用抗病性强的品种是控制玉米锈病的有效途径。

（2）科学田间管理：玉米锈病爆发性强、流行速度快，要根据田间情况，做好清沟沥水，降低田间湿度，增强植株抗逆性，减轻病害发生。

（3）适期播种；适当减少氮肥，增施磷、钾肥，适时喷施叶面营养剂提高玉米植株的抗病性；合理控制密度，改善通透性能。

（4）种植前及早清除田中及周围的病株残体，若生长期发现病株应及时拔除集中销毁，玉米收获后也要及时清除田间残株、茎叶，集中烧毁或沤肥。实行轮作，与非禾本科作物轮作可减少病原菌的积累。对零星发病的玉米，随时拔除病株及残余病体。

（5）药剂防治，预防为主：在玉米大喇叭口期—吐丝期，通过喷施含有苯醚甲环唑、戊唑醇、三唑酮、丙环·嘧菌酯、醚菌酯、吡唑醚菌酯等成分的药剂可有效减轻后期南方锈病的发生。如果前期没有预防，在锈病发病初期喷施，也可以控制锈病的发病程度，一定程度上减轻对产量的影响。

二、玉米虫害诊断与防治

（一）草地贪夜蛾

1. 虫害概述

（1）草地贪夜蛾的为害特征。

①幼虫取食叶片可造成落叶，其后转移为害。有时大量幼虫以切根方式为害，切断种苗和幼小植株的茎；幼虫可钻入孕穗植物的穗中，可取食番茄等植物花蕾和生长点，并钻入果实中。种群数量大时，幼虫如行军状，成群扩散（图 3-8）。

图 3-8　草地贪夜蛾幼虫

②在玉米上，1~3 龄幼虫通常在夜间出来为害，多隐藏在叶片背面取食，取食后形成半透明薄膜“窗孔”。

③4~6 龄幼虫对玉米的为害更为严重，取食叶片后形成不规则的长形孔洞，也可将整株玉米的叶片取食光，严重时可造成玉米生长点死亡，影响叶片和果穗的正常发育。

（2）草地贪夜蛾难防治的原因。

草地贪夜蛾本身具有很强的繁殖能力，一个雌蛾可以产 2000 粒卵（图 3-9）。它的适生范围广，可以在十几度到三十几度的温度范围内生存。同时，它还具有远距离迁飞的能力，能够很快从一个区域扩散到另外一个更大的范围，因此蔓延速度比较快。

除此之外，草地贪夜蛾对多种化学农药产生了抗性，有些传统的化学农药，例如部分菊酯类农药对它的防治效果不是特别好。再加上没有天敌的限制，总体数量在短期内容易快速增长，因此防治起来十分困难。

2. 综合防治方法

（1）人工。

对于小规模种植的田块，鼓励采用人工摘除卵块和幼虫的方式进行处置。卵多产于叶片正面，玉米喇叭口期多见于近喇叭口处。发现卵块或未分散初孵幼虫及时人工摘除，并妥善处理带有虫源的植物残体。

图 3-9　草地贪夜蛾雌蛾

（2）理化诱控。

草地贪夜蛾成虫发生高峰期，采取高空诱虫灯、性诱捕器以及食物诱杀等理化诱控措施，诱杀成虫、干扰交配，减少田间落卵量，压低发生基数，减轻危害损失。

（3）科学用药。

低龄期实施统防统治和联防联控，对分散发生区实施重点挑治和点杀点治。生物农药防治，在卵孵化初期选用苏云金杆菌、白僵菌、绿僵菌以及多杀菌素、印楝素等生物农药喷雾进行防治。化学应急防治，草地贪夜蛾 1~3 龄幼虫期，玉米田虫口密度达到 10 头/百株时，立即用药进行防治。可亩用 10%高效氯氰菊酯水乳剂 15~20 毫升，1.5%甲氨基阿维菌素苯甲酸盐乳油 20 毫升，3.2%甲维·氯氰微乳剂 50~60g 或 5%氯虫苯甲酰胺悬浮剂 30~40 毫升兑水 30 千克喷雾进行防治。由于草地贪夜蛾在田间呈聚集分布，百株虫量在 10 头以下的田块应采取挑治、局部用药的方法进行治理。施药时间应选择早晨或傍晚，注意药剂的交替轮换使用，延缓抗药性的产生，提高防控效果。

（二）黏虫

1. 虫害概述

黏虫俗名五彩虫、夜盗虫、剃枝虫、麦蚕等，属鳞翅目，夜蛾科。

黏虫体长 15~17 毫米，翅展 36~40 毫米。头部与胸部灰褐色，腹部暗褐色。前翅灰黄褐色、黄色或橙色，变化很多；内横线往往只现几个黑点，环纹与肾纹呈两个淡黄色圆斑，肾纹后端有一个白点，其两侧各有一个黑点；亚缘线自顶角斜向后缘，呈一条黑褐色斜纹；外横线为一列黑点。后翅暗褐色，向基部色渐淡（图 3-10）。

黏虫卵长约 65 毫米，半球形，初产白色渐变黄色，有光泽。卵粒单层排列成行。

黏虫幼虫体长 38 毫米。体色由淡绿色至浓黑色，变化甚大（常因食料和环境不同而有变化）。头部两侧有“八”字形黑褐色纹，体表有许多纵行条纹，背中线白色，边缘有细黑线，两侧有两条红褐色纵线条，两纵线间均有白色纵行细纹，腹面污黄色，腹足外侧有黑褐色斑（图 3-11）。

图 3-10　黏虫

图 3-11　黏虫幼虫

黏虫蛹长约 19 毫米，红褐色，腹部 5~7 节背面前缘各有一列齿状点刻，臀棘上有刺 4 根，中央 2 根粗大，两侧的细短刺略弯。

2. 综合防治方法

（1）诱杀成虫。

可用黑光灯、糖醋盆等诱杀成虫，压低虫口。但防治的主要对象为第 1 代成虫，所以，需要南北联防方可奏效。

（2）药剂防治。

该方法是目前控制黏虫为害的主要方法。首先，发现百株玉米虫口达 30 头左右时，应立即进行防治。三龄前每亩喷洒 2.5%敌百虫粉 2 千克或喷洒 50%辛硫磷乳油 1500 倍液或 80%敌敌畏乳油 1000 倍液，也可喷洒 50%杀螟松乳油 1000~1500 倍液。如果为复播玉米田，则在前茬作物收获前 15 天用 20%杀虫畏乳油 500~1000 倍液或每亩用 5%杀虫畏粉剂 2 千克。有条件的每亩可选用 48%乐斯本乳油 30~60 毫升兑水 20~40 千克喷雾或 30~40 毫升兑水 400 毫升进行超低量喷雾防治有特效。一般一个生育期用药 1 次即可收到较好效果。

（三）玉米螟

1. 虫害概述

玉米螟俗称玉米钻心虫，属鳞翅目，螟蛾科。玉米螟主要以幼虫钻蛀为害。玉米心叶期，初孵幼虫啃食叶肉，留下表皮，称为“花叶”；后期幼虫钻蛀纵卷的心叶为害，心叶展开后，在叶片上形成整齐的横圆孔，称为“排孔”；四龄幼虫蛀食茎秆。幼虫为害雄穗，可造成雄穗枯死或穗柄折断；幼虫可取食雌穗的花丝、穗轴。大龄幼虫蛀入穗柄和茎节，或蛀入雌穗取食籽粒。为害谷子则从茎基部蛀入，造成苗期枯心，穗期折茎。高粱受害情况与玉米相似。

成虫为黄褐色，雄蛾体长 10~14 毫米，翅展 20~26 毫米。前翅内横线暗褐色，波浪状，外横线暗褐色，锯齿状，内、外横线间有 2 个褐色斑，外横线与外缘线之间有 1 褐色带；后翅灰黄色，中央和近外缘处各有 1 个褐色带。翅展开后，前后翅内外横线正好相接。雌蛾体长 13~15 毫米，翅展 25~34 毫米，翅颜色比雄蛾淡，前翅内、外横线及斑纹为淡褐色，后翅黄白色。雄蛾翅缰 1 根，雌蛾翅缰 2 根（图 3-12）。

图 3-12　玉米螟

玉米螟的老熟幼虫体长 20~30 毫米，淡褐色，背线明显，暗褐色。中胸和后胸每节各有毛片 4 个。腹部 1~8 节各有毛片 6 个，前排 4 个毛片较大，后排 2 个毛片较小。腹足趾钩三序缺环。

卵椭圆形，稍扁，长约 1 毫米。数粒或数十粒卵排列成鱼鳞状。初产卵粒为乳白色，渐变淡黄色，孵化前卵粒前端出现小黑点（幼虫头部）。蛹为黄褐色，体长 15~19 毫米。腹背密布黄皱纹。腹末端有 5~8 根钩刺（图 3-13）。

图 3-13　玉米螟卵

2. 综合防治方法

（1）农业防治。

在秋收后至来年春季化蛹前（即在 5 月末前），对主要寄主的秸秆、根茬、穗轴、苞叶等采取烧、铡、沤、封等方法，最大限度地加以处理。根据玉米螟幼虫一部分在玉米根茬中越冬的习性，在收割时，要齐地面收割，低留根茬或用灭茬机灭茬，可大大减少根茬中的越冬虫量。据调查，玉米螟在根茬中的虫量占总虫量（越冬虫量）的22.6%，是翌年第一代玉米螟发生的主要虫源之一。选用抗螟良种。

（2）生物防治。

利用赤眼蜂灭卵，在玉米螟产卵初盛期（尚未孵化前）放蜂为宜。按每亩用苏云金杆菌（Bt）乳剂150克加细沙粒（沙粒的大小在20~40目为宜）3.5~5千克。根据沙粒的干湿情况，用2千克左右的水先将150克Bt乳剂稀释，然后拌在沙粒中，制成颗粒剂；在玉米心叶末期前施用效果最好；每株撒2~3克，每千克可撒500株左右。在玉米心叶期撒颗粒剂，以每克含活分生孢子50亿~100亿白僵菌粉，拌颗粒10~20倍，于心叶期撒入心叶丛中，每株1~2克。

（3）药剂防治。

在玉米心叶末期用颗粒剂防治最为经济有效，方法是："稳步向前走，对准喇叭口。每株二三克，撒药甩开手。"1.5%辛硫磷颗粒剂按1∶15拌煤渣，每株1克撒入心叶。

玉米穗期药剂保护：药液灌注雄穗，常用药剂有18%杀虫双水剂500倍液，50%敌敌畏乳油800倍液，90%敌百虫晶体或50%辛硫磷乳油800~1000倍液等，这些药液均按每株10毫升的用量灌注露雄期的玉米雄穗；药液点花丝，将50%敌敌畏乳剂800倍液，装入带细塑料管的瓶中，在玉米授粉结束而幼虫尚未集中花丝为害时，将药液滴几滴在雌穗顶端的花丝基部，熏杀幼虫。

第四章　谷子的高产栽培及病虫害防治技术

谷子是起源于我国的古老作物，数千年来一直是我国北方的主栽作物，被誉为中华民族的哺育作物。谷子抗旱耐瘠薄，水分利用效率高，是应对未来水资源短缺日益严重的战略储备作物。谷子含有丰富的营养，逐渐成为人们所喜爱的食物。谷子在旱作物可持续农业发展及作物遗传育种理论的研究中将发挥越来越重要的作用。

第一节　谷子的生长发育

一、生育期期

谷子从出苗到成熟所经历的时间叫生育期。谷子生育期的长短，因品种、播期、栽培地区不同而不同。在春播条件下，生育期少于 110 天为早熟品种，111～125 天为中熟品种，大于 125 天为晚熟品种；夏播条件下，70～80 天为早熟品种，80～90 天为中熟品种，大于 90 天为晚熟品种。

二、种子萌发和出苗期

谷子种子萌发是指种子经过吸水膨胀和养分转化，胚根鞘首先胀裂，胚部种皮露出，随即胚芽鞘也胀破种皮而出，胚芽在胚芽鞘保护下出土。胚根鞘露出地面见光后停止生长，芽鞘破裂，从中伸出第一片真叶。通常第一片叶露出地面 1 厘米为出苗。

谷子种子发芽需要水分较少，吸水达种子重量 25%～30%时就可发芽。谷子发芽最适宜的土壤田间持水量为 50%左右。由于各种土壤质地不同，种子发芽的土壤水分含量也不一致。

三、根、茎、叶的生长期

谷子种子萌发后，进入根、茎、叶生长阶段。根、茎、叶的生育过程是有序的相互联系的动态过程，同一器官由于发生部位的不同，则生长有先后，不同器官的发生与生长有着明显的同伸关系。种子根在播后第 3 天开始伸长，到播后 45 天入土达最大深度。种子根长出后很快能从土壤中吸收水分和养分供给幼苗生长。三叶期在茎节上分化形成次生根，首先在地下第 2～3 个茎节上开始形成次生根，随着拔节生长速度加快，孕穗期达到高峰。叶是茎生长点初生突起形成的叶原基逐渐发育而成的，叶片生长的同时，叶鞘和茎节也同时形成（图 4-1）。

图 4-1　谷子根、茎、叶的生长期

四、抽穗开花期

谷子幼穗分化完成后，谷穗从旗叶叶鞘中伸出，开始抽穗。春谷抽穗期在 7 月下旬到 8 月中旬，夏谷一般在 8 月中上旬。从开始抽穗到谷穗全部抽出，需 3~8 天。谷子抽穗后 3~4 天开始开花，开花需 10~20 天，其中第 3~5 天开花数最多。每一谷穗开花次序是由穗中上部的顶端小穗先开放，然后向下向上扩展。

五、灌浆成熟期

谷子开花受精后，子房开始膨大，最初是胚及皮层各部分迅速形成，茎叶制造和贮藏的养分以及根系吸收的养分大量向籽粒输送。随着籽粒开始灌浆，水分含量剧增，籽粒鲜重增长加快，灌浆后 10~15 天，籽粒干重即达 80%左右，而后粒重增加缓慢，到完熟后方才稳定。当穗部籽粒完全硬化并呈现原品种的颜色时即成熟（图 4-2）。

图 4-2　谷子灌浆成熟期

第二节　谷子的高产栽培技术

一、轮作倒茬

谷子忌连作，原因有三：一是病害严重，二是杂草多，三是大量消耗土壤中同一营养要素造成“歇地”，致使土壤养分失调。因此，必须进行合理轮作倒茬，这样才能充分利用土壤中的养分，减少病虫杂草的危害，提高谷子单位面积产量。

谷子对前作无严格要求，但谷子较为适宜的前茬以豆类、油菜、绿肥作物、玉米、高粱、小麦等作物为好。谷子要求3年以上的轮作。

二、精细整地

（一）秋季整地

秋收后封冻前灭茬耕翻，秋季深耕可以熟化土壤，改良土壤结构，增强保水能力；加深耕层，利于谷子根系下扎，扩大根系数量和吸收范围，增强根系吸收肥水能力，使植株生长健壮，从而提高产量。耕翻深度20~25厘米，要求深浅一致、不漏耕。结合秋深耕最好一次施入基肥。耕翻后及时耙耱保墒，减少土壤水分散失。

（二）春季整地

春季土壤解冻前进行“三九”滚地，当地表土壤昼夜化冻时，要顶浆耕翻，并做到翻、耙、压等作业环节紧密结合，消灭坷垃，碎土保墒，使耕层土壤达到疏松、上平下碎的状态。

三、合理施肥

增施有机肥可以改良土壤结构，培肥地力，进而提高谷子产量。有机肥作基肥，应在上年秋深耕时一次性施入，有机肥施用量一般为15000~30000千克/公顷，并混施过磷酸钙600~750千克/公顷。以有机肥为主，做到化肥与有机肥配合施用，有机氮与无机氮之比以1∶1为宜。

基肥以施用农家肥为主时，高产田以7.5万~11.2万千克/公顷为宜，中产田2.2万~6.0万千克/公顷。将磷肥与农家肥混合沤制作基肥效果最好。

种肥在谷子生产中已作为一项重要的增产措施而广泛使用。氮肥作种肥，一般可增产10%左右，但用量不宜过多。以硫酸铵作种肥时，用量以37.5千克/公顷为宜，尿素以11.3~15.0千克/公顷为宜。此外，农家肥和磷肥作种肥也有增产效果。

追肥增产作用最大的时期是抽穗前15~20天的孕穗阶段，一般以纯氮75千克/公顷左右为宜。氮肥较多时，分别在拔节始期追施“坐胎肥”，孕穗期追施“攻粒肥”。最迟在抽穗前10天施入，以免贪青晚熟。在谷子生育后期，叶面喷施磷肥和微量元素肥料，也可以促进开花结实和籽粒灌浆。

四、田间管理

（一）保全苗

播前做好整地保墒，播后适时镇压，增加土壤表层含水量，利于种子发芽和出苗。发现缺苗垄断可补种或移栽，一般在出苗后2~3片叶时进行查苗补种。以3~4片叶时为间苗适期，通过间苗，去除病、弱和拥挤丛生苗。早间苗防苗荒，利于培育壮苗。根系发达、植株健壮是后期壮株、大穗的基础，是谷子增产的重要措施，一般可增产10%以上。谷子6~7片叶时结合留苗密度进行定苗，留1茬拐子苗（三角形留苗），定苗时要拔除弱苗和枯心苗。

（二）蹲苗促壮

谷苗呈猫耳状时，在中午前后用耙子顺垄压2~3遍，有提墒防旱壮苗的作用。在肥水条件好、幼苗生长旺的田块，应及时进行蹲苗。蹲苗的方法主要在2~3片叶时镇压、控制肥水及多次深中耕等，实现控上促下，培育壮苗。一般幼穗分化开始，蹲苗应该结束。

（三）中耕除草

谷子的中耕管理大多在幼苗期、拔节期和孕穗期进行，一般进行3次。第一次中耕在苗期结合间定苗进行，兼有松土和除草双重作用。中耕掌握浅锄、细碎土块、清除杂草的技术。第二次中耕在拔节期（11~13片叶）进行，此次中耕前应进行一次清垄，将垄眼上的杂草、谷莠子、杂株、残株、病株、虫株、弱小株及过多的分蘖，彻底拔出。有灌溉条件的地方应结合追肥灌水进行，中耕要深，一般深度要求7~10厘米，同时进行少量培土。第三次中耕在孕穗期（封行前）进行，中耕深度一般以4~5厘米为宜，结合追肥灌水进行。这次中耕除松土、清除草和病苗弱苗外，同时进行高培土，以促进植株基部茎气生根的发生，防止倒伏。中耕要做到“头遍浅，二遍深，三遍不伤根”。

（四）灌溉排水

谷子一生对水分需求可概括为苗期宜旱、需水较少，中期喜湿需水量较大，后期需水相对减少但怕旱。谷子苗期除特殊干旱外，一般不宜浇水。

谷子拔节至抽穗期是一生中需水量最大、最迫切的时期。需水量为244.3毫米，占总需水量的54.9%。该阶段干旱，可浇1次水，保证抽穗整齐，防止因“胎里旱”和“卡脖旱”，而造成谷穗变小，形成秃尖。

谷子灌浆期处于生殖生长期，植株体内养分向籽粒运转，仍然需要充足的水分供应。需水量为112.9毫米，占总需水量的25.4%。灌浆期如遇干旱，即“秋吊”，浇水可防止早衰，但应进行轻浇或隔行浇，不要淹漫灌。低温时不浇，以免降低地温，影响灌浆成熟。风天不浇，防止倒伏。

灌浆期雨涝或大水淹灌，要防止田间积水，应及时排出积水，改善土壤通气条件，促进灌浆成熟。

第三节　谷子的病虫害防治

一、谷子病害诊断与防治

（一）谷子白发病

1. 病害概述

发病原因有：品种本身不抗病（如晋谷 21 号、晋谷 29 号、晋谷 40 号）；有的品种多年种植抗性丧失（长农 35 号等）；没有进行种子处理（种子包衣、拌种）；气候条件因素（播种后地温低、种子出土萌发时间长、后期多雨高温）；环境因素（地势低洼、通风透光条件不好）。

白发病为系统性侵染病害，主要通过土壤传播。谷子在萌发至出土前最易被侵染，分别形成死芽、死苗、灰背、枪杆、白发和刺猬头等。3~4 叶时，叶正面黄白色条纹，背面密布灰白色霉层（苗期）。轻病株继续生长，心叶不能抽出展开，呈黄白色，直立于顶端。白尖不久变褐枯死，直立田间叫“枪杆”拔节期。形成“枪杆”的病株心叶组织逐渐散发出大量黄褐色粉末，残留的维管束白色，卷曲成乱发状。病株一般不能抽穗，如抽穗，病穗短缩肥肿，不能结实，呈刺猬状直立田间（图 4-3）。

图 4-3　谷子白发病

2. 综合防治方法

一般用 0.3%阿普隆（瑞毒霉）拌种效果好。拌种时，先用 1%的水拌湿种子，再加药拌匀，晒干备用。也可用 35%甲霜灵可湿性粉剂按种子重量的 0.2%拌种。及时拔除灰背、白尖、枪杆、刺猬头等病株，并带出田外烧毁或深埋。

（二）谷子黑穗病

1. 病害概述

黑穗病是系统性侵染病害，种子带菌，土壤传播。通常是全穗发病，也有穗局部发病。该病感病期为芽期，发病期是穗期。感染株穗短小，早期为灰黑色，籽粒稍大，卵形或球形，外被一层灰膜，内含大量黑粉。也有品种发病植株出现矮化现象，叶片浓绿，节间缩短，穗不能抽出，成为绿矮。病菌以冬孢子在土壤中或附着在种子表面越冬，在种子萌发时通过芽鞘侵入危害（图 4-4）。

图 4-4　谷子黑穗病

2. 综合防治方法

可用 40%拌种双可湿性粉剂，按种子重量的 0.2%~0.3%拌种。在白发病和黑穗病混合发生地区，可用 35%甲霜灵可湿性粉剂加 40%拌种双可湿性粉（1∶2）混合均匀后按种子重量的 0.3%拌种。

（三）谷瘟病

1. 病害概述

谷瘟病以叶瘟和穗瘟危害最大。从幼苗期开始，在叶片或叶鞘上形成褐色小点，然后形成边缘褐色、中心白色的眼状斑，称为叶瘟；在成株期的茎节、穗颈、穗小梗或小穗上形成褐色病斑，导致谷穗枯死，被称为穗瘟。生长期间，高湿、多雨、寡照天气有利于谷瘟病发生。发病叶片上病斑梭形，中央灰白色，边缘深褐色，潮湿时背面生灰色霉层，严重时叶片枯死，穗颈受害造成死穗（图 4-5）。

图 4-5　谷瘟病

2. 综合防治方法

早期可用三环唑类药物喷施，或用40%克瘟散乳油500~800倍液或6%春雷霉素可湿性粉剂80万单位喷雾，每亩用药液40千克。若病情发展较快，抽穗前可再喷一次。

二、谷子虫害诊断与防治

（一）粟灰螟

1. 虫害概述

主要在春谷区为害。以幼虫蛀食谷子茎秆，苗期受害形成枯心苗，穗期钻蛀造成倒伏或白穗。一代6—7月为害，7月到8月进入第二代幼虫为害期（图4-6）。

图4-6 粟灰螟

2. 综合防治方法

（1）物理防治：频振式杀虫灯或黑光灯诱杀，棋盘状排列，3公顷放置一盏。

（2）药剂防治：在谷田发现茎苗有卵2~5块时，用2.5%溴氰菊酯乳油（通用名2.5%）100~150毫升，加水1~1.5千克稀释后，拌细土10~20千克，顺垄撒于谷苗根部。

（二）粟芒蝇

1. 虫害概述

苗期到抽穗期均可为害，以幼虫破坏植株生长点，造成枯心苗、畸形穗、白穗等症状。春谷区一年发生两代，以7月份的二代为害为主。夏谷区一年发生三代，以7月上旬的二代和7月下旬至八月初的三代危害为主。发生严重年份可导致毁种（图4-7）。

图 4-7　粟芒蝇

2. 综合防治方法

（1）物理防治。

成虫盛发期在田间放置腐鱼诱杀盆，每盆 0.75～1 千克腐鱼，15 盆/公顷，并在盆内喷 2.5%溴氰菊酯乳油或 20%氰戊菊酯乳油 200 倍液，隔 2 天喷一次，并及时补充水分。

（2）化学防治。

在田间枯心苗达到 1%～3%时，用 2.5%溴氰菊酯乳油 2500 倍液常规喷雾，用量 600 千克/公顷；或用 2.5%溴氰菊酯乳油 200 倍液，在谷子行间低容量喷雾。

（三）黏虫

1. 虫害概述

以幼虫咬食植株叶片为害，大发生年份可将叶片除叶脉外啃食干净，造成绝产。春谷区主要以 6 月下旬至 7 月上旬的二代为害为主。夏谷区主要以 8 月中下旬的三代黏虫为害为主（图 4-8）。

图 4-8　黏虫

2. 综合防治方法

（1）物理防治。

成虫盛发期可用频振式杀虫灯和黑光灯诱杀，棋盘状排列，3 公顷放置 1 盏；或用谷草把引诱成虫产卵，225 把/公顷，3~4 天换一次草把，并把换下的草把烧毁。

（2）化学防治。

要掌握在幼虫三龄以下用药，当每平方米三龄幼虫达 20 头时开始用药。

（3）药剂喷雾。

90%敌百虫晶体、80%敌敌畏乳油 800 倍液，或 20%氰戊菊酯乳油 2500 倍液喷雾，每公顷用药液 40 千克。

（4）熏杀法。

用 80%敌敌畏乳油 200 毫升兑水 2 升，拌 5 千克锯末，傍晚撒于谷田。

（四）地下害虫（蝼蛄、蛴螬、金针虫）

1. 虫害概述

主要在苗期为害。蝼蛄在土里穿行，咬食刚发芽的种子或切断谷苗基部造成枯死苗，被害处为乱麻状，串土造成隆起隧道，使谷苗和土壤分离，悬死谷苗（图 4-9）；蛴螬主要危害谷苗地下根茎，造成死苗（图 4-10）；金针虫通过钻蛀根茎造成枯心，致植株死亡，被害部位可见明显钻蛀孔洞。这些害虫严重发生可造成缺苗断垄。

图 4-9　蝼蛄

图 4-10　蛴螬

2. 综合防治方法

可用 50%辛硫磷乳油 30 毫升，加水 200 毫升拌种 10 千克。也可采用沟施毒谷防治。毒谷的制作可用 50%辛硫磷 100 毫升兑水 500 毫升，加 5 千克煮半熟的谷子，拌匀，晾干后施用，每公顷用 7.5 千克。

第五章　红薯的高产栽培及病虫害防治技术

红薯是非常重要的粗粮，含有丰富的膳食纤维、维生素、蛋白质、糖分等营养物质。

第一节　红薯的生长发育

一、生长发育过程

（一）3 个过程

从生产角度出发，红薯 1 年要经历育苗、大田生长、收获贮藏 3 个过程。

1. 育苗

如图 5-1 所示，红薯育苗就是栽插到大田以前，修建各种形式的苗床（圃），把薯块放在床内催芽繁殖育成薯苗。通过育苗可以提高繁殖系数，增加苗量，延长红薯的全生长期，获得高产。育苗需要有一定的设备和育苗管理技术，才能培育出足够的苗壮秧苗，供生产上应用。

图 5-1　红薯育苗

2. 大田生长

从栽插成活到收获，时间的长短取决于各地气候条件和作物布局。再根据红薯不同生长阶段运用科学管理技术，为红薯创造一个能发挥其增产潜力的条件，达到全苗壮株，使地上部和地下部协调生长，最终达到增产的目的（图5-2）。

图5-2　红薯大田生长

3. 收获贮藏

红薯原产于热带，喜暖怕冷，当气温降到15℃时，就停止生长，低于9℃时，薯块将逐渐受冷害而腐烂。地上部茎叶经霜冻时很快丧失生命力而死掉。

（二）4个阶段

经过长期经验积累与研究，一般把红薯生长分为以下4个阶段。

1. 发根缓苗阶段

指薯苗栽插后，入土各节发根成活，地上苗开始长出新叶，幼苗能够独立生长，大部分秧苗从叶腋处长出腋芽的阶段。一般春薯在栽后5~15天开始，到本阶段期终，根系基本形成在栽后30天左右。夏薯因当时气温较高，生长比春薯快，根系基本形成需15~20天。

2. 分枝结薯阶段

这个阶段根系继续发展，腋芽和主蔓延长，叶数明显增多。主蔓生长最快，其延伸生长称“拖秧”，也叫爬蔓、甩蔓，茎叶开始覆盖地面封垄。此时，地下部的不定根已分化形成小薯块，在本阶段后期成薯数已基本稳定，不再增多。本阶段春薯需要30~75天，夏薯需要20~30天。在本阶段初期，根系已生长出总根量的70%以上，为促进茎叶生长打好了基础。至于薯块的形成，结薯早的品种在发根后10天左右，肉眼虽难看出，但实际上已开始形成，到20~30天时已看到少数略具雏形的块根。在茎叶生长中，一些分枝少、蔓薯细长的品种没有圆（团）棵现象就直接伸长主蔓。从植株开始分枝到基本覆盖地面，茎叶的重量可达到红薯1年中最高茎叶重量的1/3以上。

3. 茎叶盛长、块根膨大期阶段

指茎叶覆盖地面开始到生长最高峰。这一时期茎叶迅速生长，生长量占整个生长期重量的60%~70%。地下薯块随茎叶的增长，光合产物不断地输送到块根而明显肥大增重。其总重量的30%~50%是在这个阶段形成的，也可把这个阶段称为蔓薯同长阶段。

茎叶增长加快，使叶面积的增加达到了最高峰；同时新老叶片交替更新，新长出来的叶数与黄化落叶数到本阶段末期达到基本平衡。这阶段所需要的时间，春薯为栽插后 60~100 天，夏薯为 40~70 天。

4. 茎叶衰退（即红薯生长后期）阶段

指茎叶生长由盛转衰直至收获期，以薯块肥大为中心。茎叶开始停长，叶色由浓转淡，下部叶片枯黄脱落。地上部同化物质加快向薯块输送，薯块肥大增重速度加快，增重量相当于整个薯重的 40%~50%，高的可达 70%，薯块里干物质的积蓄量明显增多，品质显著提高。

由于植株的地上部与地下部是处于不同部位的统一体，上部茎叶的生长繁茂程度，决定于根系吸收养料的供应，地下部薯块产量的高低，又依赖于地上部茎叶光合产物的输送和积累程度。总之，各阶段相互交替，很难截然分开。每个阶段时间长短，各薯区不尽相同，故上述 4 个阶段的划分不是绝对的。

二、生长发育条件

（一）温度

红薯对温度要求比水稻、玉米等种子作物要高 5~10℃。气温达到 15℃以上时才能开始生长，18℃以上可以正常生长，在 18~32℃范围内，温度越高发根生长的速度也越快，超过 35℃的高温对生长不利。块根形成与膨大所需要的适宜温度是 20~30℃，其中以 22~24℃最适宜。低温对红薯生长极有害，较长时期在 10℃以下时，茎叶会自然枯死，一经霜冻很快死亡。薯块在低于 9℃的条件下持续 10 天以上时，会受冷害，发生生理腐烂。

（二）土壤

红薯对土壤的适应性很强，几乎在任何土壤里都能生长。耐酸碱性也好，在土壤 pH 值为 4.2~8.3 范围内能够适应，这是红薯的优点之一。但要获得高产，以土层深厚，土质疏松，通气性良好的砂壤土或壤土，pH 值为 5~7 为最适宜。土层深厚疏松，保水保肥，有利于根系的生长和块根增重。通透性好，供氧充足能促进根系的呼吸作用，有利于根部形成层活动，促进块根膨大，也有利于土壤中微生物活动，加快氧分分解，供根系吸收。红薯在这种土壤里生长，结薯光滑，薯皮光滑，色泽新鲜，大薯率高，品质好，产量高。

（三）水分

红薯枝繁叶茂，遮满地面，根系发达，生长迅速，体内水分蒸腾量很大。其地上部和地下部产量很高，而植株的含水量高达 85%~90%，块根水分含量一般在 70%左右，所以一生中需水量相当大。据测定在整个生长期间，田间总耗水量为 500~800 毫米，相当于每亩用水 400~600 立方米。不同生长阶段的耗水量并不一样，发根缓苗期和分枝结薯期植株尚未长大，需水不多，2 个时期各占总耗水量的 10%~15%。茎叶盛长期需水量猛增，约占总耗水量的 40%。薯块迅速肥大期占 35%。具体到各生长期的土壤相对含水量，生长前期和后期以保持在 60%~70%为宜。中期是茎叶生长盛期，同时也是薯块膨大期，需水量明显增多，土壤相对含水量以保持在70%~80%为好。若土壤水分过多，会使氧气供应困难，影响块根肥大，薯块里水分增多，干物质含量降低。

（四）光照

红薯喜温喜光，属不耐阴的作物。它所积累贮存的营养物质基本上都来自光合作用。光照不足叶色变黄，严重时脱落。由于红薯没有成熟期的界限，光照越足，对提高产量越有利。受光叶片比遮阴叶片的光合强度大6倍多。受光不好的一般减产20%~30%，在生产实践中，经常发现红薯地间套高秆作物，常因遮光严重使结薯期推迟，产量不高。所以红薯与高秆作物间作时，为不太影响红薯产量，要加大薯地的受光面积，高秆作物不宜过多过密。

红薯是短日照作物，每天日照时数在8~10小时范围内，能诱导红薯开花结实。但营养生长、增加无性器官产量，就需要较长时间的光照，以每天13小时左右较好。

（五）养分

红薯的根系发达，再加上它的茎蔓匍匐地面，茎节遇土生根，吸肥能力很强。据研究，每生成500千克薯块、茎叶，就要供应纯氮1.75千克、磷0.75千克、钾2.9千克。

氮素是蛋白质、原生质、叶绿素的主要组成部分，是形成器官的重要元素。它能促使茎叶生长，尤其在红薯的生长前期，施用一定数量的氮素肥料，能够起到促进多分枝、快增殖，使植株早发棵、早拖秧的作用。氮肥供应不足，则茎叶生长缓慢，叶面积小，颜色淡，植株生长不良，最终影响产量。反之，如果施用过量或过晚，容易造成茎叶旺长，“贪青”，结薯不良。

磷是原生质和细胞核的主要成分，能加快养分的合成与运转，加速细胞分裂，提高薯块品质，当叶片含磷量少于0.1%时，就显示出缺磷症状，叶的颜色暗绿没有光泽，叶片小、茎细，老龄叶片出现黄斑，以后变紫、脱落。

钾能促进根部形成层活动，加速细胞分裂，使块根不断肥大。在生长中后期钾肥起的作用更大，能提高碳水化合物的合成和运转能力。叶片里含钾量低于0.5%时，表现出缺钾症。生长前期缺钾，植株的叶片小、节间短，叶面不舒展；生长中后期钾素不足，茎叶生长缓慢，严重的叶片黄化。

钾和氮都能提高红薯叶片的光合能力，但作用不同。钾的作用在于加快叶片光合产物的运转，调节叶片里光合产物的浓度，随时增强光合能力，直接使块根持续肥大，提高产量。氮的作用是促进茎叶生长，扩大光合作用面积，从而增加光合能力，直接增加茎叶产量。因此过量施用氮素肥料，容易造成茎叶贪青疯长，影响产量。

为获红薯高产，首先要施足肥，氮、磷、钾三要素配合得当。但在实际生产上，把红薯这一需肥多、能高产的作物，大部分种植在丘陵山区土层薄、缺肥、干旱的地方，土壤养分的含量根本满足不了正常生长的需要，不可能高产。尽管如此，由于红薯顽强的再生能力，仍能在低劣条件下获得一般种子作物难以达到的产量。我国红薯种植面积虽居世界之首，但单位面积产量不高，其重要原因之一，就是肥力不足、肥源不足，土壤得不到培养，连年种植吸肥力强的红薯，结果把红薯贬称为“拔地精”“茬口不好”的作物，这是不公平的。大量事实证明，只要重视红薯生产，给它需要的条件，不仅红薯当年高产，后茬接种小麦也能获得丰收。

第二节 红薯的高产栽培技术

红薯是高产稳产的一种作物，它具有适应性广、抗逆性强、耐旱耐瘠、病虫害较少等特点。在水肥条件较好的地方种植，一般亩产可达2000~3000千克。但是由于自然条件和栽培水平的差异，单产水平也极不平衡，为充分发挥红薯的增产潜力，达到优质高产，特提出红薯高产栽培技术措施。

一、品种选择

红薯的品种及用途，如表5-1所示。

表5-1 品种及用途表

用途	品种
鲜食型	秦薯4号、秦薯5号（秦秀2000）、红心431
淀粉型	梅营1号、秦薯一号
烤食型	秦薯5号
保健型	秦黑薯、红心431

二、育苗

育苗时间与用种量：西安地区大约在3月上、中旬，用种量为50千克/亩。壮苗标准为茎秆粗，节间短，叶片肥厚、鲜亮，顶三叶齐平，苗长20~25厘米，百苗鲜重0.5千克以上，老嫩适宜，浆汁多，无白根，无病虫害。

三、栽前准备

（一）整地、做垄

整地深耕可使土壤疏松、深厚，有充足的氧气，有利于甘薯根系生长、薯块膨大。关中地区一般于冬前深耕25~30厘米，采取窄垄单行种植方式。如人工做垄，垄距70~80厘米，株距30~35厘米，垄高20厘米；如机械化深耕做垄，垄距85~95厘米，株距25厘米，垄高20厘米。

（二）施基肥

掌握以基肥、有机肥为主，少施氮素化肥，增施钾肥、磷肥的原则。结合整地亩施腐熟的农家肥3000~4000千克，尿素12~15千克，过磷酸钙45~50千克，硫酸钾25~30千克或草木灰50~100千克，氮、磷、钾比例1∶1∶2。

（三）地下害虫防治

每亩用5%辛硫磷颗粒剂2.5千克，均匀撒施于地表，随着整地深翻入地下，进行土壤处理。也可制作毒土，在垄上挖好的窝内撒施：每亩用75%辛硫磷500克，加湿土20千克拌匀随栽苗撒在窝中。也可用敌百虫与炒麦麸50~100份加水拌湿作毒饵防治地老虎。选择砂壤土地块，早春结合耕翻，每亩施农家肥 2~3 吨，尿素 15 千克，磷肥 20 千克。

四、田间管理

（一）扎根缓苗阶段的管理

扎根缓苗阶段是从栽后长出新根到块根开始形成，历时 1 个月左右。红薯栽插后 4~5 天进行查苗，发现缺苗立即补栽，以保证全苗。补苗选用壮苗，在下午或傍晚时补栽，在田头栽一些预备苗以便补缺。一般在栽插后，要浇一次缓苗水，以利扎根成活。及时进行中耕、除草。若要喷除草剂，一定要在栽苗、覆膜前进行，以免药害对红薯苗产生影响。每亩用乙草胺 100 克兑水 100 千克在垄面喷雾，5~10 天后再栽苗。栽插后缓苗后，每隔 10~15 天中耕一次以松土、提温、消除杂草，适时喷洒新高脂膜以促进植株迅速生长利于根形成。

（二）分枝结薯阶段的管理

栽插后 30~40 天随着温度升高，茎叶生长加快，块根继续形成膨大，应及时加强水肥管理，如遇天旱可随水亩追 2.5~4 千克尿素，浇后要及早中耕松土保墒、摘顶。当红薯主茎长至 50 厘米时，选晴好天气上午摘去顶芽；分枝长至 35 厘米时继续把顶芽摘除。此法可抑制茎蔓徒长，避免养分消耗，促进根块膨大，可增产 20%~30%。

（三）茎叶盛长、块根膨大期的管理

植株生长快，为防止徒长，可用 50 毫克/升的多效唑液加地果壮蒂灵在田间均匀喷洒，以叶面沾满药液而不流为佳，可促进果实发育，使红薯优质高产。在此期，地下部块根迅速膨大，如遇伏旱，需浇膨大水，但水量不宜过大，为促进薯块膨大，可亩用膨大素一袋（12 克），兑水 15 千克，隔 7~10 天喷 1 次，连喷 2 次。为防止早衰，提高产量，一般在封行前后，甘薯进入薯块膨大期时，每隔 10 天左右连续 2~3 次进行叶面喷肥，每亩用 15 千克水、20 克磷酸二氢钾混匀，叶面喷雾均匀喷洒。在中后期，严格控制氮肥量及灌水量，增施草木灰。

灌裂缝肥。红薯进入块根膨大期，表土层会出现裂缝。此时，每亩用清水粪肥 750~1000 千克，兑磷酸二氢钾 500 克（也可用过磷酸钙 5 千克、草木灰 50 千克，分别用水浸泡过滤），混合在粪肥中，早晨或傍晚沿裂缝灌施，灌后用土填塞裂缝，同时喷洒地果壮蒂灵防畸形果、裂果，可增产 20%~30%。

（四）茎叶衰退期（即红薯生长后期）的管理

茎叶由缓慢生长直至停滞，养分输向块根，生长中心由地上转到地下，管理上要保护茎叶维持正常生理功能，促进块根迅速膨大。保证土壤含水量，以田间最大持水量的 60%~70%为佳，如天气久旱无雨，土壤干旱，会使茎叶早衰影响碳水化合物的形成、积累，造成减产，因此要及时浇小水，但在红薯收刨前 20 天内不宜浇水，若遇秋涝，要及时排水，以防硬心与腐烂。为防止早衰，延长和增强叶中的光合作用，促进薯块肥大，进行叶面喷肥，每亩用磷酸二氢钾 250 克兑水 30~40 千克加新高脂膜 800 倍液进行喷洒，每隔 15 天喷 1 次，共喷 2 次，如配合使用膨大素效果更好。

五、适时收获

红薯的块根是无性营养体，没有明显的成熟标准和收获期，但收获的早晚对红薯产量、留种、贮藏、加工利用、轮作倒茬都有密切的关系。收获过早会降低产量，收获过晚会受低温冷害的影响。红薯的收获适期，一般是在气温下降到 15℃时开始收刨，气温在 10℃以上或地温在 12℃以上，一般在寒露前后收刨完毕。

第三节　红薯的病虫害防治

一、红薯病害诊断与防治

（一）红薯病毒病

1. 病害概述

红薯病毒病可引起叶片扭曲、畸形、叶片褪绿以及植株严重矮化等症状；红薯病毒病对红薯的产量影响极大，严重时可造成绝收；红薯病毒病一旦爆发流行将对红薯生产造成严重危害；目前缺乏抗病品种（图 5-3）。

图 5-3　红薯病毒病

红薯病毒病症状与毒原种类、红薯品种、生育阶段及环境条件有关。可分 6 种类型。一是叶片褪绿斑点型，苗期及发病初期叶片产生明脉或轻微褪绿半透明斑，生长后期，斑点四周变为紫褐色或形成紫环斑，多数品种沿脉形成紫色羽状纹。二是花叶型，苗期染病初期叶脉呈网状透明，后沿叶脉形成黄绿相间的不规则花叶斑纹。三是卷叶型，叶片边缘上卷，严重时卷成杯状。四是叶片皱缩型，病苗叶片少，叶缘不整齐或扭曲，有与中脉平行的褪绿半透明斑。五是叶片黄化型，造成叶片黄化及网状黄脉。六是薯块龟裂型，薯块上产生黑褐色或黄褐色龟裂纹，排列成横带状或贮藏后内部薯肉木栓化，剖开病薯可见肉质部具黄褐色斑块。

薯苗、薯块均可带毒，进行远距离传播。经由机械或蚜虫、烟粉虱及嫁接等途径传播。其发生和流行程度取决于种薯、种苗带毒率和各种传毒介体种群数量、活力、其传毒效能及红薯品种的抗性，此外还与土壤、耕作制度、栽植期有关。

2. 综合防治方法

（1）加强检疫措施：加强产地检疫，特别是加强留种田红薯病毒病的识别，发现病株及时拔除销毁，并将留种田转为商品薯。

（2）减少跨区远距离调运种薯种苗：种薯种苗调运是该病长距离扩散的主要途径。因此，减少跨区调运，可有效减少病害的远距离传播。

（3）加强苗期病害调查和识别：发现疑似病株及时拔除，把病株消灭在苗床，可有效减少大田红薯病毒病的发病率和损失。

（4）加强对介体昆虫的防治：加强对红薯田特别是留种田和苗期烟粉虱的防治，可有效减少该病的扩散蔓延。推荐的防治烟粉虱药剂：24%噻嗪酮·啶虫脒微乳剂；3%啶虫脒微乳剂等。

（5）种植脱毒红薯：加强脱毒种薯繁育体系和繁育基地建设，建立无病留种田；在红薯种质材料的引进、交换过程中尽量使用无毒苗。

（6）选用抗病品种：商薯 19、百薯 1 号等。

（二）红薯茎线虫病

1. 病害概述

红薯茎线虫病又称糠心病、空心病等，是一种毁灭性病害。主要危害薯块、茎蔓，造成红薯烂种、烂窖、死苗、死秧等。使产量和品质严重降低，一般可以减产 20%～50%，严重时绝收。

症状（图 5-4）：

图 5-4　红薯茎线虫病

（1）糠心型：主要由薯苗和种薯带病引起。由薯块顶部发病逐渐向下部或四周发展，先是块根纵剖面内部呈棉絮状白色糠道，后期形成褐色糠道，称“糠心”。这种薯块内部虽已毁坏，但外表无变化，只是重量大为减轻，用手指弹有空响。

（2）裂皮型：主要由土壤带病引起。线虫用口针刺破外表皮，进入薯块内部危害。初期症状：肉眼不易看出，开始外皮褪色，不久变青，有的稍有凹陷或有小裂口，皮下组织变褐发软，内呈褐白相间的干腐。

（3）混合型：糠心和裂皮两种类型混合发生。

主要通过种薯、种苗、土壤、粪肥等多种途径传播。病薯、病薯干、病苗是病害远近距离传播的主要媒介。

2. 综合防治方法

要紧密结合农事操作，抓住每个环节，运用各种合理有效的栽培管理措施，进行综合防治。

（1）消灭虫源：在育苗、种植和收获时集中消毁病原体。

（2）选用抗病品种和无病种薯，种薯可用 51~54℃温汤浸种，苗床用净土以培育无病壮苗。

（3）药剂浸：薯苗用 50%辛硫磷乳油 100 倍液浸 10 分钟。

（4）药剂防治：薯苗移栽时穴施辛硫磷微胶囊剂或三唑磷微胶囊剂，也可用辛硫磷微胶囊剂 5 倍液，蘸根底部 6~10 厘米，浸泡 5~10 分钟处理种苗进行防治。

（三）红薯黑斑病

1. 病害概述

红薯黑斑病是红薯生产上的一种重要病害，我国各红薯生产区均有发生。在红薯整个生育期均能遭受病菌危害。

主要危害块根及幼苗茎基部。病苗基部叶片变黄脱落，地下部分变黑腐烂，苗易枯死，造成缺苗断垄。收获前后发病最多，病斑为褐色至黑色，中央稍凹陷，上生有黑色霉状物或刺毛状物。

2. 综合防治方法

病薯变防治主要以农业措施为主；实行轮作倒茬；建立无病留种田。

采用高剪苗进行大田种植。栽插时可用药剂 50%甲基托布津可湿性粉剂 500~700 倍液或 50%多菌灵 2500~3000 倍液，蘸根底部 6~10 厘米，浸泡 2~3 分钟处理种苗；种薯处理，用 50%多菌灵可湿性粉剂 500 倍液浸种薯 3~5 分钟后晾干入窖。红薯高温愈合处理是防治黑斑病最有效的方法，值得提倡。

二、红薯虫害诊断与防治

（一）红薯小象甲

1. 虫害概述

红薯小象甲，别名红薯象甲、红薯蚁象甲，属鞘翅目，蚁象虫科（图 5-5）。寄主为：红薯、蕹菜、野牵牛、登瓜薯、月光花等旋花科植物。

图 5-5 红薯小象甲

成虫体长 5~8 毫米，体形细长如蚁。体除触角、末节、前胸和足呈橘红色外，其余均为蓝黑色而有金属光泽。头部延伸成细长的喙，状如象鼻，咀嚼式口器着生于喙的末端。膝状触角 10 节，雄虫触角末节成棍棒状，雌虫则成长卵状。前胸长为宽的 2 倍，在后部 1/3 处缩入如颈状。两鞘翅合起来呈长卵形，显著隆起。鞘翅表面具不明显的小刻点。足细长。卵椭圆形，长约 6 毫米，初产时乳白色，后变淡黄色，表面有小刻点。幼虫体长 5~8.5 毫米，呈圆筒形，两端略小，向腹面稍弯曲，头部淡褐色，胴体乳白色，胸腹足退化。蛹体长 4.7~5.8 毫米，初乳白色，渐变黄色，腹部各节背面有 1 对小突起，尾端有 1 对向侧下方弯曲的刺突。

成虫和幼虫均能钻蛀鲜红薯、红薯苗和茎蔓以及红薯片为害，以幼虫为主，在薯块内蛀食形成隧道，受害薯块有恶臭和苦味，不能食用和饲用，且能导致黑斑病、软腐病等病菌侵染而腐烂霉坏，红薯质量下降。

2. 综合防治方法

（1）农业防治。

加强植物检疫。红薯小象甲为检疫性害虫，在未发生区，应加强植物检疫，防止人为传人为害。在发生区，清洁田园，处理臭薯坏蔓防止成虫逃逸；与玉米、大豆等旱作物进行轮作，水旱轮作更佳；改良土壤，适时中耕培土，防止薯块外露。

（2）药剂防治。

在成虫产卵侵入薯块前用药，亩用 1.8%阿维菌素乳油 2000~3000 倍 50%辛硫磷乳油 500 倍，加水 50 千克喷雾。

（二）红薯卷叶蛾

1. 虫害概述

红薯卷叶蛾又叫红薯麦蛾、红薯小蛾，属鳞翅目麦蛾科（图 5-6）。分布广泛，全国各红薯生产区均有发生。除为害红薯外，还为害雍菜、牵牛花等旋花科植物。以幼虫吐丝卷折红薯叶片，并栖居其中取食叶肉，只留表皮，发生严重时，大量薯叶被卷食，严重影响产量。

图 5-6 红薯卷叶蛾

成虫是一种黑褐色小蛾子，体长 5~7 毫米，翅展 15 毫米，前翅狭长，中央有 2 个环形圈纹，外缘有 1 列黑点，后翅菜刀状，淡灰色，缘毛很长。卵椭圆形，长约 0.6 毫米，初产乳白色后变淡褐色，表面有细网纹。幼虫纺锤形，老熟幼虫 15~18 毫米。蛹纺锤形，长 7~9 毫米，黄褐色。

2. 综合防治方法

（1）农业防治。

红薯收获后及时清除残株落叶和杂草，处理茎蔓，消灭越冬蛹。

（2）药剂防治。

在幼虫发生初期，下午 4 时后，亩用 90%敌百虫晶体 700~1000 倍或 50%辛硫磷乳剂 1000 倍，加水 50 千克喷雾。

（三）红薯叶甲

1. 虫害概述

红薯叶甲，别名红薯金花虫、红薯蓝黑叶甲、红薯猿叶虫、红薯华叶虫等，属鞘翅目叶甲科（图 5-7）。为害作物有蕹菜、红薯、小麦等。

图 5-7 红薯叶甲

成虫体长5~7毫米，卵圆形，体色变化大，有青铜色、紫铜色、蓝紫色、蓝黑色、蓝色和绿色等，多为蓝黑色，有金属光泽。触角11节，端部5节略扁平。头、胸部背面密布刻点，前胸背板呈横长方形，小盾片近方形。鞘翅布满刻点，肩胛隆起，刻点粗而明显。丽鞘亚种在肩胛后方有一闪蓝光的三角斑，而指名亚种则无此斑。前者鞘翅肩胛后方皱褶较粗，范围超过翅之半，后者皱褶微，范围小。卵椭圆形，浅黄至黄绿色。成长幼虫体长9~10毫米，浅黄色。头淡褐色，除第一体节外，各节均有横皱纹，并披有疏的黄色细毛。体略弯曲。蛹长5~7毫米，初白色，后黄白色。后足腿节末端有黄褐色刺一个，腹末有刺6个。

成虫为害幼苗顶端嫩叶，嫩茎，使顶端折断，并吃薯汁，严重时植株枯死，造成缺苗现象。幼虫生活在土壤中，为害寄主的根，块根表面有弯曲的伤痕，啃食薯块表面，使薯块表面发生深浅不同的伤疤，并助黑斑病、软腐病菌等侵入为害。

2. 综合防治方法

（1）农业防治。

清除田间枯枝、枯根、茎等杂物，收获后及时翻耕，人工消灭害虫。利用成虫的假死性和飞行力差，主要是爬行扩散等特性，在早晨和黄昏人工捕杀作物上的成虫。

（2）药剂防治。

在成虫发生期及时用药防治，亩用52.5%农地乐乳油1000~1500倍或80%敌敌畏乳油1500倍或50%辛硫磷乳剂1000倍，加水50千克喷雾。

第六章　马铃薯的高产栽培及病虫害防治技术

马铃薯是重要的粮食作物之一，在我国种植面积广泛，有着较强的环境适应能力和丰富的营养。随着马铃薯市场需求的增加，对马铃薯质量的要求也越来越高。

第一节　马铃薯的生长发育

一、生态环境

马铃薯性喜冷凉，是喜欢低温的作物。其地下薯块形成和生长需要疏松透气、凉爽湿润的土壤环境。对温度的要求：块茎生长的适温是 16~18℃，当地温高于 25℃时，块茎停止生长；茎叶生长的适温是 15~25℃，超过 39℃停止生长。

二、生长发育过程

（一）休眠期

土豆块茎收获以后，放到适宜发芽的环境中而长时间不能发芽，属于生理性自然休眠，是一种对不良环境的适应性。块茎休眠始于匍匐茎尖端停止极性生长和块茎开始膨大的时刻。休眠期的长短关系到块茎的贮藏性，关系到播种后能否及时出苗，因而关系到产量的高低。土豆休眠期的长短受贮藏温度影响很大，在 26℃左右的条件下，因品种的不同，休眠期从 1 个月至 3 个月以上不等。在温度为 0~4℃的条件下，块茎可长期保持休眠。土豆块茎的休眠过程，受酶的活动方向决定，与环境条件密切关联。

（二）发芽期

土豆的生长从块茎上的芽萌发开始，块茎只有解除了休眠，才有芽和苗的明显生长。从芽萌生至出苗是发芽期，进行主茎第一段的生长。发芽期生长的中心在芽的伸长、发根和形成匍匐茎，营养和水分主要靠种薯，按茎叶和根的顺序供给。生长的速度和好坏，受制于种薯和发芽需要的环境条件。生长所占时间就因品种休眠特性、栽培季节和技术措施不同而长短不一，从 1 个月到几个月不等（图 6-1）。

图 6-1　土豆发芽期

（三）幼苗期

从出苗到第六叶或第八叶展平，即完成 1 个叶序的生长，称为“团棵”，是主茎第二段生长，为土豆的幼苗期。幼苗期经过的时间较短，不论春作或秋作只有短短半个月（图 6-2）。

图 6-2　马铃薯幼苗期

（四）发棵期

从团棵到第十二或第十六叶展开，早熟品种以第一花序开花；晚熟品种以第二花序开花，为土豆的发棵期，为时 1 个月左右，是主茎第三段的生长。发棵期主茎开始急剧拔高，占总高度的 50%左右；主茎叶已全部建成，并有分枝及分枝叶的扩展。根系继续扩大，块茎膨大到鸽蛋大小，发棵期有个生长中心转折阶段，转折阶段的终点以茎叶干物质量与块茎干物质量之比达到平衡为标准。

（五）结薯期

结薯期即块茎的形成期。发棵期完成后，便进入以块茎生长为主的结薯期。此期茎叶生长日益减少，基部叶片开始转黄和枯落，植株各部分的有机养分不断向块茎输送，块茎随之加快膨大，尤在开花期后 10 天膨大最快。结薯期的长短受制于气候条件、病害和品种熟性等，一般为 30~50 天。

第二节　马铃薯的高产栽培技术

一、选种及种薯处理

（一）选用种薯

应选用良种，包括选择优良品种和选用优良脱毒种薯，防止种薯带菌。要加强检疫，勿从病害严重发生的地区调入种薯；尽量从无病区生产、调运种薯。

平原地区宜选用中早熟品种，如克新系列的 6 号、1 号，费乌瑞它，早大白，津引 8 号，早 50 等。山区宜选用中、晚熟品种，如东农 303 等。选用的种薯大小要中等偏上，均匀，表皮光滑，芽眼鲜明。

（二）种薯处理

脱毒小种薯可直接用于播种，不需切块。对大块种薯，播前要进行切块。切前首先要对切刀消毒。消毒方法为沸水浸烫或 75%酒精擦洗。切块时保证每块种薯都有芽眼，每块重 20~25 克，切过的薯块切口处应蘸些草木灰或 1∶1000 倍的多菌灵药土。

二、选地、选茬

（一）选地

尽量实行轮作。应选择 2~3 年内没有种过马铃薯和其他茄科作物、土地肥沃、土层深厚、有机质含量丰富、排灌方便、远离污染源的田块。

（二）选茬

前茬应选用小麦、玉米茬，其次是水稻、棉花、大豆、杂粮茬，忌用甜瓜茬，并要求前茬未施用磺隆类、咪草烟类除草剂。

三、整地、施肥

（一）整地

秋收后深耕 23~30 厘米，拾净石块、根茬、精细整地，使土层绵软松厚，以利马铃薯生长。

（二）土壤消毒

物理方法：上茬作物收获后，清洁地面，地深翻 30 厘米，晒垡。

（三）施肥

要根据土壤肥力状况和目标产量，确定合理施肥量和施肥方法。地膜马铃薯生育期短，要重施基肥，基肥要以腐熟农家肥为主，增施一定量的化肥。具体施肥量为：在每亩产量目标为 2500 千克左右的地块，施用腐熟的农家肥 3000~5000 千克，尿素 20 千克，二铵50千克（或过磷酸钙50千克），硫酸钾7~10千克。要将化肥施于离薯块2~3厘米处，避免与种薯直接接触，施肥后覆土，也可将化肥与有机肥混合施用，可提高化肥利用率。

四、播种、地膜覆盖

（一）播期

要适时早播。平原地区一般在元月下旬到2月上旬播种。山区在地面解冻后播种，一般在3月中下旬至4月上旬。

（二）播种方法

直接起垄的起垄后要趁墒播种。若播前土壤干燥，底墒不足，要先春灌造墒，不能缺墒播种。每垄种2行，垄中种植。严禁种在垄边甚至垄坡上。播种时呈“品”字形匀播。开沟起垄的要起垄、播种、覆膜一次完成，并注意不要播种过深，以防出苗困难。

（三）种植密度

应合理密植。垄上行间距30~40厘米，株距25~30厘米，播深5~8厘米，一般每亩用种量100~150千克。播后覆土整平垄面，准备覆膜。

（四）正确覆膜

选用厚0.005~0.006毫米、宽80~100厘米的地膜。每亩用地膜3~4千克。覆膜时在垄两边开沟，将膜沿纵横方向铺展拉平，使膜紧贴垄面，同时用细土压实两边，压入土中5~8厘米，在垄上每隔1米压一些碎土，以防大风将膜吹烂、吹跑，使地膜真正起到提温保墒灭杂草的增产效应。

五、田间管理

（一）及时破膜放苗

播后勤到田间查看，当10%幼苗开始顶膜时立即放苗。方法：用竹扦或小刀在苗正上方开一小口将幼苗拉到膜外，用细土封严苗周围地膜，防止大风揭膜。在晴天上午10时以前或下午4时以后放苗，严禁中午放苗。

（二）查苗补苗

当苗显行时，从缺苗处附近选苗较多的穴窝，将向外倾斜的苗子连根轻轻拔下，栽在缺苗处，并浇足水，加厚培土仅留幼苗顶梢2~3片小叶为好。

（三）间苗除草

齐苗后及时锄掉垄沟中的杂草，拔除膜内杂草并间苗，每穴留苗1~2株。间苗时不能伤根，不要掘动薯块，及时封严被风吹开的膜孔和膜边，以防膜内杂草丛生。

（四）抗旱排涝

播后若墒情不足，可渗灌水一次。马铃薯进入现蕾期后如遇干旱，可轻灌水1~2次。降雨较多时，雨后及时排水，以防田间长期积水形成湿害。

（五）叶面追肥和化控

1. 叶面追肥

马铃薯开花后，主要以叶面喷施方式追施磷钾肥，每隔 8～15 天，每亩叶面喷施 0.3%～9.5%的磷酸二氢钾溶液 50 千克，连续 2～3 次，若出现缺氮现象，可增加 100～150 克的尿素喷施。通过根外追肥可明显提高块茎的产量，增加块茎的品质和耐贮性。

2. 化控

马铃薯生长中、后期以控上促下为主。在现蕾初期即块茎形成期，对地表茎叶高达 30～35 厘米，生长过旺有徒长趋势的田块，可叶面喷施多效唑水溶液（每亩用 15%多效唑 30～50 克兑水 40～50 千克喷雾），控旺防徒长，促进养分向地下部转移，并摘除花蕾，减少养分消耗。

第三节　马铃薯的病虫害防治

一、马铃薯病害诊断与防治

（一）马铃薯早疫病

1. 病害概述

该病又名马铃薯夏疫病、马铃薯轮纹病，主要为害叶片、块茎。

（1）症状。

叶片感病时产生褐色圆形或近圆形病斑，并且具有同心轮纹，大小为 3～4 毫米。湿度大时，病斑上产生黑色霉层，即病原菌的分生孢子及分生孢子梗。块茎感病时产生暗褐色稍凹陷的圆形或近圆形病斑，边缘分明，皮下出现浅褐色海绵状干腐（图 6-3）。

图 6-3　马铃薯早疫病

（2）病原。

茄链格孢菌。

2. 防治方法

（1）选用早熟耐病品种，适当提早收获。

（2）选择土壤肥沃的高燥地块种植，增施有机肥，推广配方施肥，提高寄主的抗病能力。

（3）发病前，喷施百菌清、杀毒矾、丙森锌、氢氧化铜等。

（二）马铃薯晚疫病

1. 病害概述

该病又名马铃薯疫病，主要为害叶片、茎秆和块茎。

（1）症状。

叶片感病时，先在叶尖、叶缘产生水浸状绿褐色斑点，病斑周围有黄色至黄绿色晕环，湿度大时病斑迅速扩大，呈褐色，并产生一圈白霉，叶片背面比正面多；干燥时病斑变褐、干枯，质脆易裂，不见白霉。茎部或叶柄感病时，产生褐色条斑。块茎感病时，初生褐色或紫褐色大块病斑，稍凹陷，病部皮下薯肉也变成褐色，之后逐渐向四周扩大、腐烂（图 6-4）。

图 6-4　马铃薯晚疫病

（2）病原。

致病疫霉。

2. 防治方法

（1）选用抗病品种。

（2）选用无病种薯，减少初侵染源。冬藏入窖、出窖、切块等，都要严格剔除病薯；有条件的应建立无病留种田，进行无病留种。

（3）加强栽培管理，适期早播，选择土质疏松、排水良好的地块，促进植株茁壮生长，增强其抗病能力。

（4）发病初期，喷洒霜霉威、氟吡菌胺、霜脲·锰锌等。

（三）马铃薯白粉病

1. 病害概述

该病主要为害叶片、叶柄及茎秆。

（1）症状。

叶片感病初期产生浅褐色小斑点，之后逐渐扩大，形成褐色大斑，随着病情的发展，在病斑两面产生白色至灰白色粉状物，犹如撒布的白面粉。严重时，整个叶片布满白粉，致使叶片脱落，甚至整株枯死（图 6-5）。

图 6-5 马铃薯白粉病

（2）病原。

二孢白粉菌。

2. 防治方法

（1）与非茄科作物实行 3 年以上的轮作。

（2）加强水肥管理，合理密植，促进植株健壮生长。

（3）大棚栽培时，应注意改善通风条件，以降低湿度，减轻病害的发生。

（4）收获后彻底收集病残物，集中烧毁，并深耕土壤，以减少菌源。

（5）重病田块应及早喷药防治，可用三唑酮、敌力脱、氟菌唑、苯醚·内环唑、乙嘧酚等药剂。

（四）马铃薯灰霉病

1. 病害概述

该病又名马铃薯霉腐病，主要为害叶片，块茎偶尔感病。

（1）症状。

叶片多从叶尖或叶缘感病，病斑呈“V”字形向内扩展。初发生时，病斑呈水渍状，后变为青褐色，形状不规则，有时病部出现不很明显的环纹。湿度大时，病斑上产生灰色霉层。茎部感病后产生条状褪绿斑，并且产生大量灰霉。块茎偶有受害，多在储藏期感病，块茎感病后，表面多皱缩，皮下萎蔫，变为灰黑色，后期出现褐色半湿性腐烂，从伤口或芽眼处长出灰色霉层（图 6-6）。

图 6-6　马铃薯灰霉病

（2）病原。

灰葡萄孢菌。

2. 防治方法

（1）实行薯粮轮作，高垄栽培，合理密植，增施磷、钾肥。旱时及时灌水，雨季及时排水，使植株健壮生长。

（2）及时清除病残体，集中烧毁。

（3）发病初期，喷洒农利灵、腐霉利、嘧霉胺等药剂。

（4）块茎储藏前，清洁储藏窖，通风降湿。块茎储藏后，注意排气降温。清明前后掰芽，翻动薯块，剔除有病薯块。

（五）马铃薯花叶病毒病

1. 病害概述

该病又名马铃薯花叶病、马铃薯 X 病毒病，主要为害叶片。

（1）病状。

叶片感病后，叶面叶绿素分布不均匀，呈浓绿、浅绿相间或黄、绿相间的斑驳花叶，有时伴有叶脉透明。此外，马铃薯 A 病毒与 Y 病毒单独侵染也有类似病状（图 6-7）。

图 6-7　马铃薯花叶病毒病

（2）病原

马铃薯 X 病毒。

2. 防治方法

（1）建立无病毒种薯繁殖基地，原种田应设在高纬度或高海拔地区，通过各种检测方法汰除病薯，推广茎尖组织脱毒；生产田还可以通过二季作或夏播获得种薯。

（2）培育和利用抗病、耐病品种。

（3）改进栽培措施，不与毒源植物相邻或接茬种植，注意中耕除草；及时拔除病株；实行高垄栽培，及时培土；避免偏施氮肥，增施磷、钾肥；控制秋水，严防大水漫灌。

（4）及时防治蚜虫，使用药剂的种类和方法参见蚜虫的防治方法。

（5）发病初期，喷洒盐酸吗啉胍·铜、烷醇·硫酸铜等。

二、马铃薯虫害诊断与防治

（一）马铃薯瓢虫

1. 虫害概述

马铃薯瓢虫又名大二十八星瓢虫，属鞘翅目，瓢虫科。

（1）为害特点。

以成虫和幼虫取食叶片，被害叶片仅留叶脉及上表皮，形成许多不规则透明网斑，甚至出现孔洞，严重时叶片卷缩、枯死。

（2）形态特征。

成虫体长 7~8 毫米，黄褐色或红褐色。前胸背板中央有 1 个三角形黑斑，两侧各有 2 个小黑斑。两鞘翅上各有 14 个黑斑，其中第 2 列的 4 个黑斑不在一条直线上，两翅合缝上有 1~2 对黑斑相连。卵呈长圆形，初产时为鲜黄色，后为褐色，常 20~30 粒竖立成堆。幼虫体长约 8 毫米，灰褐色，各体节有 1 横列棘刺，前胸及第 8、9 节腹背各 4 个，其余各 6 个。蛹扁平且呈椭圆形，浅黄色，被棕褐色毛，上有黑斑（图 6-8）。

图 6-8　马铃薯瓢虫

2. 防治方法

（1）利用成虫的假死习性，叩打植株使之坠落的同时用盆承接，集中深埋。

（2）人工摘除卵块，由于产卵集中成块，颜色鲜艳，极易发现，可摘除销毁。

（3）于幼虫分散活动前喷药防治，药剂有辛硫磷、氟氯氰菊酯、溴氰菊酯、增效氰·马等。

（4）生物防治，用球孢白僵菌可湿性粉剂加水配成菌液喷雾；或将虫尸捡回研碎，加水喷雾防治。

（二）茄二十八星瓢虫

1. 虫害概述

茄二十八星瓢虫又名酸浆瓢虫，属鞘翅目，瓢虫科。

（1）为害特点。

以成虫和幼虫为害叶片，为害特点同马铃薯瓢虫。

（2）形态特征。

成虫呈半球形，长 6 毫米，黄褐色。前胸背板上有 6 个黑点，中间的 2 个常连成 1 个横斑。两个鞘翅上各有 14 个黑斑，共有 28 个黑斑，其中第 2 列 4 个黑斑排成一条直线。卵呈弹头形，长约 1.2 毫米，浅黄色至黄褐色，卵粒排列较紧密。幼虫体长约 7 毫米，体表多枝刺，枝刺为白色，基部有黑褐色环纹。蛹呈椭圆形，体长 5.5 毫米，背面有黑色斑纹（图 6-9）。

图 6-9　茄二十八星瓢虫

2. 防治方法

（1）物理防治。

利用成虫具有假死性，用器皿承接并扣打植株使之坠落收集消灭，中午时间效果较好；根据产卵集中，卵块颜色鲜艳，容易发现的特点，结合农事活动，人工摘除卵块。

（2）农业防治。

作物收获后，及时清洁田园，深埋或烧毁残株，并进行耕地，可消灭卵、幼虫和藏于缝隙中的成虫。

（3）化学防治。

关键应抓好对幼虫分散前进行防治，即在幼虫孵化盛期或低龄幼虫为害期用药。可选用 4.5%高效氯氰菊酯乳油 2000 倍液、10%联苯菊酯乳油 1500 倍液、2.5%溴氰菊酯乳油 1500 倍液、2.5%三氟氯氰菊酯乳油 3000 倍液、20%杀灭菊酯乳油 2000 倍液、50%辛硫磷乳油 1000 倍液、52.25%农地乐乳油 2000 倍液、48%毒死蜱乳油 1000 倍液进行全面周到喷雾，特别要注意喷到叶背面。

（三）马铃薯甲虫

1. 虫害概述。

马铃薯甲虫又名马铃薯黑条甲虫，属鞘翅目，叶甲科。

（1）为害特点。

以成虫和幼虫为害叶片和嫩尖，常把叶片吃光，尤其始花期至块茎成熟期为害，对产量影响最大，严重时造成绝收。

（2）形态特征。

雌成虫体长 9~11 毫米，椭圆形，背面隆起，体为黄色至橙黄色。头宽于长，有 3 个斑点；眼呈肾形，黑色；触角细长，共 11 节，长达前胸后角。前胸背板上有 10 多个黑斑，中间 2 个最大，两侧各生 4~5 个大小不等的斑点。鞘翅呈卵圆形，每翅有 5 条黑色纵条纹。腹部每节有 4 个斑点。卵呈长椭圆形，黄色，多个排成块状。幼虫体为暗红色，腹部膨大高隆，每节两侧各有 2 个并列的黑斑（图 6-10）。

图 6-10　马铃薯甲虫

2. 防治方法

（1）加强植物检疫，严防人为传入，一旦传入应及早防治。

（2）与非寄主植物实行 3~5 年轮作，有条件的实行水旱轮作。

（3）生物防治，喷洒 7805 杀虫菌粉剂 500 倍液。

（4）用真空吸虫器和丙烷火焰器等进行防治，尤以火焰器防治苗期越冬代成虫效果显著。

（5）播种后越冬成虫出土前，用辛硫磷颗粒剂拌细沙沟施。幼虫发生期用菊酯类杀虫剂常规剂量喷雾防治。

（四）双斑萤叶甲

1. 虫害概述

双斑萤叶甲又名双斑长跗萤叶甲，属鞘翅目，叶甲科。

成虫食害叶片，将叶吃成缺刻和孔洞，严重时把叶片吃光。形态特征：成虫体长3.6~4.8毫米，宽2~2.5毫米，长卵形。头、前胸为橘红色；触角共11节，丝状。前胸背板表面隆起。小盾片呈三角形，黑色。鞘翅为浅黄色，每个鞘翅有1块近圆形的浅色斑，四周为黑色，浅色斑后外侧多不完全封闭，其后面为黑色，带纹向后突伸成角状，两翅后端合为圆形，腹管外露。卵呈椭圆形，长0.6毫米，初为棕黄色。幼虫体长5~6毫米，白色至黄色（图6-11）。

图6-11　双斑萤叶甲

2. 防治方法

（1）铲除田边、地梗和渠边的杂草。秋收后及时深翻地灭卵。

（2）可用捕虫网在田边、地梗和渠边的杂草上扫网捕虫，集中深埋或烧毁。

（3）利用成虫的趋光习性，在田间设置黑光灯，诱杀成虫。

（4）成虫发生期，用辛硫磷、吡虫啉、氟氯氰菊酯喷雾防治。

第七章　花生的高产栽培及病虫害防治技术

花生是我国重要的经济作物和油料作物，具有味道好、吃法多样等特点，受到消费者青睐。花生产量高，经济效益好，种植面积不断扩大，但花生病虫害种类增多且危害程度逐渐增加，直接影响花生产业健康发展。本章论述了花生高产栽培技术以及花生病虫害防治技术，为种植人员提供参考。

第一节　花生的生长发育

一、花生发芽期（10~20 天）

花生的发芽期一般在播种后 10~20 天内，这个时期需要注意适度的灌溉和保温。同时，及时除草和松土也非常重要（图 7-1）。

图 7-1　花生发芽期

二、花生幼苗期（20~40 天）

花生的幼苗期主要是幼芽时期的生长发育过程，同时也是花生根系迅速生长的期间。在这个时间段内，要精细管理，确保土壤湿度适宜、施肥合理、防虫防病等（图 7-2）。

图 7-2　花生幼苗期

三、花生生育期（50~90 天）

花生的生育期主要是在花生植株形成、壮大、和结果等过程中。在这个时间段内，需要注意合理施肥、浇水、剪枝、控制草害和病虫害等（图 7-3）。

图 7-3　花生生育期

四、花生成熟期（110~130 天）

花生成熟期一般在种植后 110~130 天的时间内，当花生根系生长到一定程度并进入果实成熟期。此时需要及时采收，同时还要注意防止采收过程中的损伤和保持花生的干燥。

综上所述，花生的生长发育过程经历了发芽期、幼苗期、生育期和成熟期四个阶段。不同阶段需要进行不同的管理方法，才能保证花生的良好生长和高产。

第二节　花生的高产栽培技术

一、科学选用品种，提高花生品质

春播花生或春播地膜覆盖花生宜选择生育期在 125 天左右的优质专用型中大果花生品种，麦垄套种花生宜选择生育期在 125 天以内的优质专用型中大果花生品种，夏直播花生宜选择生育期在 110 天左右的优质专用型中果花生品种。

在选择品种时，要注意品种抗性与当地旱涝、病虫等灾害发生特点相一致，特别是青枯病发生地区（地块）要选用高抗品种，烂果病发生较重的地区要选用抗性强的品种。机械收获程度高的产区，应选择结果集中、成熟一致性好、果柄韧性较好、适宜机械化收获的品种。

二、适期适量播种，提高播种质量

（一）确定适宜播期

春播露地大花生播期应掌握在连续 5 日 5 厘米地温稳定在 17℃以上，小花生稳定在 15℃以上，一般在 4 月中下旬至 5 月上旬，覆膜花生可提早至 4 月上中旬；麦垄套种花生适宜播期在麦收前 15~20 天，一般在 5 月中下旬；夏直播花生在小麦收获后及时整地，尽早播种，播期一般不晚于 6 月 20 日。

（二）确定适宜播量

一般春播大花生双粒亩播 8000~9500 穴，小花生双粒亩播 9000~10000 穴，单粒亩播 14000~15000 粒；夏直播大花生单粒亩播 15000~17000 粒，双粒亩播 9500~12000 穴。

（三）搞好药剂拌种

播种前 10~15 天剥壳，剥壳前可带壳晒种 2~3 天，剔出霉变、破损、发芽的种子，按籽粒大小分级保存、分级播种。播种前已剥壳的种子要妥善保存，防止吸潮影响发芽率。选择合适的药剂进行拌种，拌种要均匀，随拌随播，种皮晾干即可播种，有效防治根腐病、茎腐病、冠腐病等土传病害和蛴螬等地下害虫。

三、加强田间管理，减轻病虫草害

（一）及时放苗清枝

覆膜花生膜上覆土的，当子叶节升至膜面时，及时将播种行上方的覆土摊至株行两侧，余下的土撤至垄沟。膜上未覆土的幼苗不能自动破膜时要及时人工破膜放苗，尽量减小膜孔。自团棵期（主茎 4 片复叶）开始，及时检查并抠出压埋在膜下的横生侧枝，使其健壮发育，始花前需进行 2~3 次。

（二）适时中耕除草

麦套花生麦收后 3~5 天内进行中耕灭茬除草，中耕后每亩用 50%乙草胺乳油 120 毫升兑水 40~45 千克喷施地面。露栽花生播种覆土后用乙草胺喷施地面。当花生接近封垄时，在两行花生行间穿沟培土，培土要做到沟清、土暄、垄腰胖、垄顶凹，以利于果针入土结实。

（三）合理化学调控

当植株生长至 30~35 厘米时，对出现旺长的田块用多效唑或烯效唑等生长调节剂进行控制，要严格按使用说明施用，喷施过少不能起到控旺作用，喷施过多会使植株叶片早衰而减产。于上午 10 点前或下午 3 点后进行叶面喷施。

（四）病虫害绿色防控

推荐采用物理诱杀和生物防治等方法防治虫害、化学药剂防治病害。推广黑光灯、性诱剂和诱虫板等物理诱杀技术，既能控制虫害，又能减少化学农药使用量。防治花生蛴螬等地下害虫可选用白僵菌、绿僵菌、阿维菌素等生物制剂。防治叶斑病等病害可选用合适的高效低毒杀菌剂。青枯病和锈病防治最好选用高抗花生品种。

四、适期收获，安全贮藏

收获、干燥与贮藏是花生生产最后的重要环节。生产上一般在植株由绿变黄、主茎保留 3~4 片绿叶、大部分荚果饱满成熟时及时收获，具体收获期应根据天气情况灵活掌握。收获后应尽快晾晒或烘干干燥，使荚果含水量降到 10% 以下。注意控制贮藏条件，防治贮藏害虫的危害，防止黄曲霉毒素污染的发生。

第三节　花生的病虫害防治

一、花生病害诊断与防治

（一）花生叶斑病

1. 病害概述

花生叶斑病主要指黑斑病和褐斑病，主要发生在花生生长的中后期，褐斑病始发期比黑斑病稍早，因此，国外把前者称作早斑病，把后者称作晚斑病。两种病害都以为害叶片为主，也可为害叶柄和茎秆。主要造成叶片枯死、脱落，一般减产 10%~20%，严重的可达 40% 以上（图 7-4）。

黑斑病和褐斑病发病初期均形成褐色小点，扩大后在叶片上形成褐色圆形病斑，在叶柄和茎秆上形成褐色椭圆形病斑。严重时，造成叶片干枯、脱落，茎秆枯死。两者区别在于：黑斑病的病斑较小，直径多为 2~5 毫米，病斑颜色较深，呈黑褐色，且叶斑正面和背面颜色基本相同。老病斑周围常有淡黄色晕圈，在叶片背面病斑上产生大量黑色小点（子座），排列呈同心轮纹状。褐斑病的病斑较大，直径 4~10 毫米，病斑颜色较浅，叶斑背面比正面更浅，一般正面为茶褐色，背面则为黄褐色，初期病斑就有明显的黄色晕圈。主要在叶片正面病斑上产生小黑点（子座），散生且不明显。潮湿时，两种病害在小黑点上均产生灰褐色霉层（分生孢子梗和分生孢子）。严重时，一张叶片上病斑可达几十个，造成叶片干枯、脱落，茎秆枯死。

图 7-4 花生叶斑病

2. 综合防治方法

（1）轮作。

花生实行水旱轮作与水稻轮作更好。旱坡地花生与玉米、地瓜、木薯等旱地作物轮作，2 年一轮，可明显减轻花生叶斑病为害。

（2）改良土壤。

改善栽培条件，增施有机质农家肥，改良土壤，增强花生的抗病能力。

（3）选用抗病品种。种植花生，要选择抗叶斑病强的品种。

（4）药剂防治。

发生期在荚果膨大期，当田间病叶率达 10%时应及时用药防治，常用的药剂有 50%多菌灵 600 倍液，或 96%天达恶霉灵 3000 倍液，或 70%甲基托布津 600 倍液喷雾。

（二）花生根结线虫病

1. 病害概述

花生根结线虫病又名花生线虫病，俗称地黄病、地落病、矮黄病、黄秧病等，是一种世界性病害，几乎所有种植花生的国家和地区都有发生。花生感病后根的吸收功能被破坏，植株矮小发黄，结果少而稀。一般减产 20%~30%，严重的可减产 70%以上，甚至绝收。

花生根结线虫病主要为害植株的地下部，因地下部受害引起地上部生长发育不良。幼苗被害，一般出土半个月后即可表现症状，植株萎缩不长，下部叶变黄，始花期后，整株茎叶逐渐变黄，叶片小，底叶叶缘焦灼，提早脱落，开花迟，病株矮小，似缺肥水状，田间常成片成窝发生。雨水多时，病情可减轻。

花生播种半个月后，当主根开始生长时，线虫便可侵入主根尖端，使之膨大形成纺锤形虫瘿（根结），初期为乳白色，后变为黄褐色，直径一般 2~4 毫米，表面粗糙。以后在虫瘿上长出许多细小的须根，须根尖端又被线虫侵染形成虫瘿，经这样多次反复侵染，根系就形成乱丝状的须根团。被害主根畸形歪曲，停止生长，根部皮层往往变褐腐烂。在主根尖端、果柄上可形成葡萄穗状的虫瘿簇。剖视虫瘿，可见乳白色针头大小的雌线虫。病株根瘤少，结果少而小，甚至不结果（图 7-5）。

图 7-5　花生根结线虫病

2. 综合防治方法

（1）加强检疫，保护无病区。

在无病区要加强农业防治，必要时进行药剂防治。

（2）农业防治。

有花生根结线虫病的地块收获时要深挖细收，不使病根、病果遗留在土壤中，同时，还应将花生秧、杂草寄主连根挖除烧掉；增施有机肥料，深翻改土，减轻病害；与禾谷类作物或甘薯轮作 2~3 年。轮作年限越长虫口密度越小。

（3）药剂防治。

用 10%防线一号乳油每亩 2~2.5 千克加细土 20 千克制成毒土撒入穴内，覆土后播种。或用 5%克线磷颗粒剂 2~12 千克、5%米乐尔颗粒剂，播种时分层播种，防止药害。

（三）花生锈病

1. 病害概述

花生锈病主要为害叶片到后期病情严重时也为害叶柄、茎枝、果柄和果壳。一般自花期开始为害，先从植株底部叶片发生，后逐渐向上扩展到顶叶，使叶色变黄。发病初期，首先叶片背面出现针尖大小的白斑，同时，相应的叶片正面出现黄色小点，以后叶背面病斑变成淡黄色并逐渐扩大，呈黄褐色隆起，表皮破裂后，用手摸可沾满铁锈色粉末。严重时，整个叶片变黄枯干，全株枯死，远望呈火烧状。严重降低产量，影响品质（图 7-6）。

图 7-6　花生锈病

2. 综合防治方法

（1）农业防治。

选用抗病品，加强田间管理，增施有机肥和磷、钾肥，做好防旱排涝工作，培育壮苗，提高植株抗病能力。

（2）药剂防治。

在田间病株率达到 10%～20%时，可选用 50%的胶体硫 150 倍液；或敌锈钠 600 倍液进行喷雾防治。

（四）花生根腐病

1. 病害概述

花生根腐病俗称烂根。各生育期均可发病。侵染刚萌发的种子，造成烂种；幼苗受害，主根变褐，植株枯萎。成株受害，主根尖端上出现凹陷长条形褐色病斑，根端呈湿腐状，皮层变褐腐烂，易脱离脱落，无侧根或极少，形似鼠尾。潮湿时根茎部生不定根。病株地上部矮小，生长不良，叶片变黄，开花结果少，且多为秕果（图 7-7）。

图 7-7　花生根腐病

2. 综合防治方法

（1）农业防治。

实行轮作，轻病田隔年轮作，重病田轮作 3~5 年。深耕改土，增施有机肥，合理排灌增强抗病力。严格选种，淘汰病弱种子。

（2）药剂防治。

用种子重量 1%的 50%多菌灵可湿性粉剂拌种，必要时用根腐灵 300 倍液喷洒或灌根。

（五）花生茎腐病

1. 病害概述

苗期染病，先侵染子叶，造成子叶变黑腐烂，然后侵染近地面的茎基部及地下根茎处，初生水浸状黄褐色病斑，后逐渐绕茎或根茎扩展形成黑褐色病斑。发病初期地上部叶色变浅；中期叶柄下垂、复叶闭合，翌晨复原；病情严重后叶柄全部下垂，全株萎蔫，干燥条件下变成黄褐色枯死。病部呈琥珀色下陷，纵剖根茎部，髓呈褐色干腐状，湿度大时，病株变黑腐烂。病部生黑色小粒点（图 7-8）。

图 7-8　花生茎腐病

2. 综合防治方法

（1）农业防治。

防止种子霉变，精选种子，收获时要充分晒干。宜选夏播花生留种；选用抗病品种；收获后要及时清除病残体，烧毁或深翻。带有病残体的肥分充分腐熟；与禾本科作物轮作 1~2 年。

（2）药剂防治。

用干种子重量 0.3%的 50%多菌灵可湿性粉剂拌种，或加 5~10 倍细土配成药土，花生种子用水浸润后与药土混匀或将上述药剂对水 2 千克均匀喷到 50 千克种子上，或上述用量药粉对水 30 千克配成药液浸种 50 千克，浸泡 24 小时，或用 50%甲基托布津可湿性粉剂按种子量的 0.5%~0.8%拌种。花生齐苗后和开花前喷洒 50%多菌灵可湿性粉剂或 70%甲基硫菌灵可湿性粉剂 800~1000 倍液、50%苯菌灵可湿性粉剂 1500 倍液。

（六）花生白绢病

1. 病害概述

该病主要为害茎部、果柄及荚果。发病初期叶片枯黄，晴天叶片闭合，阴天尚能展开，茎基部组织呈软腐状，表皮脱落，严重的整株枯死。土壤湿度大时可见白色绢丝状菌丝覆盖病部和四周地面，后产生油菜籽状白色小菌核，最后变黄土色至黑褐色。根茎部组织染病，呈纤维状，终致植株干枯而死（图 7-9）。

图 7-9　花生白绢病

2. 综合防治方法

（1）农业防治。

收获后及时清除病残体，深翻；与水稻、小麦、玉米等禾本科作物进行 3 年以上轮作；提倡施用酵素菌瓶制的堆肥或腐熟有机肥，改善土壤通透条件；春花生适当晚播，苗期清棵蹲苗，提高抗病力。

（2）药剂防治。

选用无病种子，用种子重量 0.5%的 50%多菌灵可湿性粉剂拌种。发病后用 50%拌种双粉剂 1 千克混合细干土 15 千克制成药土覆盖病穴，每穴用药土 75 克。发病初期喷淋 50%苯菌灵可湿性粉剂或 50%扑海因可湿性粉剂或 50%速克灵可湿性粉剂、20%甲基立枯磷乳油 1000～1500 倍液，每株喷淋对好的药液 100～200 克。

二、花生虫害诊断与防治

（一）甜菜夜蛾

1. 虫害概述

甜菜夜蛾成虫体长 8～10 毫米，翅展 19～25 毫米，头、胸有黑点，卵圆球形，白色，成块产于叶面或叶背，排列为 1～3 层，外面覆有雌蛾脱落的白色绒毛，因此不能直接看到卵粒。老熟幼虫体长约 22 毫米，体色变化很大，由绿色、暗绿色、黄褐色、褐色至黑褐色，背线有或无，颜色各异。蛹体长约 10 毫米，黄褐色（图 7-10）。

图 7-10　甜菜夜蛾

2. 综合防治方法

（1）物理防治。

用黑光灯诱杀成虫，及时摘除田间卵块和被害叶片并集中销毁，可有效降低虫口密度。

（2）生物防治。

保护和利用天敌；使用生物农药如苏云金杆菌（Bt）等。

（3）药剂防治。

注意在 3 龄以前用药，施药时在叶背和植株基部应均匀喷施。甜菜夜蛾世代重叠严重，田间各虫态高峰及幼虫各龄期峰次均不明显，发生峰期与防治适期难以掌握。故应连续交替用药。推荐用药：5%阿维菌素，稀释倍数 5000~8000，常规喷雾。

（二）花生蚜虫

1. 虫害概述

花生蚜也叫首落蚜、槐蚜。早播春花生顶土尚未出苗时，蚜虫就能钻入幼嫩枝芽上为害。出苗后，多在顶端幼嫩心叶背面吸食汁液。始花后，蚜虫多聚集在花萼管和果针上为害，使花生植株矮小，叶片卷缩，影响开花下针和正常结实。严重时，蚜虫排出大量蜜汁，引起霉菌寄生，使茎叶变黑，能致全株枯死（图 7-11）。

图 7-11　花生蚜虫

有翅胎生雌蚜体长1.6~1.8毫米，黑绿色，有光泽。触角6节，淡黄色，第五节末端及第六节暗褐色，第三节较长，有感觉圈4~7个（以5~6个为数较多），排列成行。触角的长度为体长的0.7倍。复眼黑褐色。翅基、翅柄和翅脉均为橙黄色，后翅具中脉和肘脉。足的基节、转节、腿节末端、胫节末端及附节为灰黑色，其他为黄白色。腹节背面有条纹斑，第一节和第七节各有1对腹侧突。腹管漆黑色，圆筒状，端部稍细，具覆瓦状花纹。尾片细长，基部缢缩，两侧各有刚毛3根。

无翅胎生雌蚜，若虫灰紫色，体节明显。体长1.8~2毫米，体肥胖。成蚜黑色发亮，少数个体黑绿色，有的胸部和腹部前半部有灰色斑，有的体披薄层蜡粉。触角第一、二、五节末端和第六节为暗褐色，其余淡黄色。

卵长椭圆形，较肥大，初产淡黄色，后变草绿至黑色。

2. 综合防治方法

（1）农业防治。

覆膜栽培花生，苗期具有明显的反光驱蚜作用，特别是使用银灰膜覆盖，可以有效减轻花生苗期蜡虫的发生与为害；花生蚜虫的天敌种类多，控制效果比较明显，在使用药剂防治弱虫时应避免在天敌高峰期使用。

（2）药剂防治。

花生苗期蚜虫的防治宜早不宜晚。花生播种时每亩用10%，辛拌磷粉粒剂0.5千克，药剂盖种，或用甲克种衣剂按种子量的1/70~1/50拌种，使种子带药生长，对苗期蚜虫的防治作用明显，且有利于保护天敌，同时，兼治地下害虫。花生生长前期防治蚜虫，应选用高效、低毒、持效期较长的农药品种，如30%蚜克灵可湿性粉剂2000倍液、2.5%扑蚜虱可湿性粉剂2500倍液、10%高效吡虫啉可湿性粉剂4000倍液等，叶面喷雾防治，可维持10~20天的防治效果；花生生育中后期的伏蚜，应选用低毒、高效、速效性农药品种，如25%快杀灵乳油、特杀灵乳油、50%避蚜雾可湿性粉剂等，用2000倍液对花生基部喷雾防治。

第八章　大豆的高产栽培及病虫害防治技术

大豆，别名：黄豆（包括青豆、黑豆、紫豆和斑茶豆等）。大豆隶属于真核域，植物界，被子植物门，双子叶植物纲，豆目，豆科，蝶形花亚科，大豆属，大豆种。大豆中富含较为全面的营养素，且含量较为丰富，是人们喜爱的食物之一。作为我国重要的农业经济作物之一，大豆在我国的种植面积整体逐年增加。现在全国普遍种植，在东北、华北、陕、川及长江下游地区均有出产，以长江流域及西南栽培较多，以东北大豆质量最优。

第一节　大豆的生长发育

大豆从种子萌发开始，经过出苗、分枝、开花、结荚、鼓粒以至新种子成熟的生长发育过程，称为大豆的一生。夏作大豆早熟品种少于 95 天，中熟品种 96~110 天，晚熟品种多于 110 天。

一、种子萌发和幼苗期

从出苗到花芽开始分化为幼苗期，一般历时 25~35 天。幼苗期植株生长较慢，根系生长较快，是以根系为生长中心的时期。苗期生长要求的最适温度为 20~22℃。大豆种子富含蛋白质、脂肪，在种子发芽时需吸收比本身重 1~1.5 倍的水分，才能使蛋白质、脂肪分解成可溶性养分供胚芽生长（如图 8-1 至 8-2 所示）。

图 8-1　大豆萌发期

图 8-2　大豆幼苗期

发芽时子叶带着幼芽露出地表，子叶出土后即展开，经阳光照射由黄转绿，开始光合作用。胚芽继续生长，第一对单叶展开，这时幼苗具有 2 个节和 1 个节间。在生产中大豆第一个节间的长短，是一个重要的形态指标。植株过密，土壤湿度过大，往往使第一节间过长，茎秆细，苗弱发育不良。如遇这种情况应及早间苗、破土散墒，防止幼苗徒长。幼茎继续生长，第一复叶出现，称为三时期。接着第二片复叶出现，当第二复叶展平时，大豆已开始进入花芽分化期。所以在大豆第一对单叶出现到第二复叶展平这段时间里，必须抓紧时间及时间苗、定苗，促进苗全、苗壮、根系发达，防治病虫害，为大豆丰产打好基础。

大豆从三叶期后，根瘤开始形成。以后植株逐渐生长，不断长出复叶，在条件适宜的情况下，叶腋中开始有腋芽分化，并形成枝芽和花芽。

二、幼苗分枝期

第一分枝芽形成至第一朵花出现称为幼苗分枝期，亦称花芽分化期。大豆主茎每个节的叶腋都有 2 个腋芽，1 个为枝芽，1 个为花芽。一般植株基部的几个节可由潜伏的枝芽长出 1~5 个分枝，中上部各节常由潜伏的花芽形成花序。

大豆出苗后 25~35 天开始花芽分化，复叶出现 2~3 片之后，主茎基部的第一、二节首先有枝芽分化，条件适宜就形成分枝，上部腋芽成为花芽。下部分枝多且粗壮，有利于增加单株产量。花芽分化期，植株生长快，叶片数迅速增加，植株高度可达成株的 1/2，主茎变粗，分枝形成，根系继续扩大。营养生长越来越旺盛，同时大量花器不断分化和形成，所以这个时期要注意协调营养生长和生殖生长的平衡生长，达到营养生长壮而不旺，花芽分化多而植株健壮不矮小（图 8-3）。

图 8-3 大豆幼苗分枝期

三、开花结荚期

一般大豆品种从花芽开始分化到开花需要 25~30 天。大豆开花日数（从第一朵花开放开始到最后一朵花开放终了的日数）因品种和气候条件而有很大变化，从 18~40 天不等，有的可达 70 多天。有限开花结荚习性的品种，花期短；无限开花结荚习性的品种，花期长。温度对开花也有很大影响，大豆开花的适宜温度在 25~28℃之间，29℃以上开花受到限制，空气湿度过大、过小均不利开花。土壤湿度小，供水不足，开花受到抑制，当土壤湿度达到田间待水量的 70%~80%时开花较多。大豆从开始开花到豆荚出现，是大豆植株生长最旺盛时期，这个时期大豆干物质积累达到高峰，有机养分在供茎叶生长的同时，又要供给花荚需要。因此需要土壤水分充足、光照条件好，才能保证养分的正常运输，才能促进花芽分化多、花多、成荚多，减少花荚脱落，这是大豆高产中的最重要因素。

从开始开花至开花结束为开花期。大豆进入开花期，是营养生长和生殖生长并进阶段，但仍以营养生长为主。开花期适宜温度是22~25℃，同时需要供给充足的矿质营养。

大豆开花授粉受精之后，子房膨大形成软而小的绿色豆荚，当荚长1厘米时即称为结荚，田间有50%植株结荚，称为结荚期。豆荚的生长先是增加长度，而后增加宽度，最后增加厚度（图8-4至图8-5所示）。

图8-4　大豆开花期

图8-5　大豆结荚期

四、鼓粒成熟期

大豆结荚后，豆粒开始长大，当豆粒达到最大体积与质量时称为鼓粒期，以后随环境条件的变化，植株逐渐衰老，叶片变黄脱落，种子脱水干燥，由绿变黄、变硬，呈现本品种固有的子粒色泽和大小，荚亦呈现固有的颜色，并与荚皮脱离，摇动植株，荚内有轻微响声，即为成熟。

大豆在鼓粒期种子重量平均每天可增加6~7毫克。种子中的粗脂肪、蛋白质及糖类随种子增重不断增加。鼓粒开始时种子中的水分可达90%，随着物质不断增加，水分很快下降。干物质积累达到最大值以后，种子中水分降到20%以下，种子接近成熟状态，粒形变圆。鼓粒到成熟阶段是大豆产量形成的重要时期，这时期发育正常与否，影响到荚粒数的多少和百粒重的高低及化学成分。子粒正常发育的保证源于2个方面：一是靠植株本身贮藏物质丰富及运输正常，叶片光合产物的供给；二是靠充足的水分供给。这是促使子粒发育良好、提高产量的重要条件。

第二节　大豆的高产栽培技术

一、选地与施肥

选地：大豆适宜在肥沃、排水良好、土层深厚的土壤中生长。选择地块时，应避免低洼、积水、盐碱化等不良土壤。同时，要选择阳光充足、通风良好的地块，有利于大豆生长发育。

施肥：大豆生长期需要充足的养分供应，因此施肥是提高产量的关键。一般采用基肥和追肥相结合的方式进行施用。基肥应在播种前施入，追肥则在大豆生长过程中适时进行。基肥主要使用有机肥和化肥，追肥则以氮肥为主，磷、钾肥适量施用。

二、播种与密度

播种：大豆一般在春季3~4月份播种，播种深度一般为5~6厘米。播种前要对种子进行处理，如浸泡、消毒等，以保证种子发芽率。同时，要根据当地气候条件和品种特性合理确定播种密度。一般而言，每亩种植密度为1.2万~1.5万株。

密度：大豆的种植密度要根据品种特性、土壤条件和气候条件来确定。一般来说，早熟品种的种植密度要稍大一些，晚熟品种则要适当减小。此外，还要考虑大豆与其他农作物之间的套种关系，以免影响大豆的生长。

三、田间管理

间苗与除草：大豆幼苗出土后要及时进行间苗，以利于幼苗生长。同时，要及时除草，减少杂草与大豆竞争养分和水分的现象。此外，还可以采用人工除草或化学除草的方法，以达到更好的效果。

病虫害防治：大豆生长过程中易受到病虫害的侵扰。要加强病虫害的监测和防治工作，及时发现病虫症状并采取有效措施进行防治。常见的病虫害有大豆花叶病毒病、豆荚斑病、豆荚螟等。

四、灌溉与排水

大豆生长期间要注意灌溉和排水。一般来说，大豆生长初期要保持土壤湿润，后期则要适当控制灌溉量，防止出现水浸现象。同时，要注意排涝，防止因排水不畅而导致的根部腐烂等问题。

五、收获与贮藏

大豆的收获时间要适当掌握，过早会导致产量降低或品质下降；过晚则会影响下一季的种植计划。收获时要及时采收，并注意储存方式和条件，以保证作物的质量和口感。常见的收获方式有手工采摘和机械采摘两种方式。

第三节　大豆的病虫害防治

一、大豆病害诊断与防治

（一）大豆病毒病

1. 病害概述

大豆病毒病在我国各大豆产区都有发生，其中，大豆花叶病的出现频率占我国大豆病毒病的90%以上，流行年份可减产30%~70%，甚至绝收。

大豆花叶病常因寄主品种、病毒株系、气象条件和寄主发病期的不同而有较大差别。发病初期叶片上出现明脉，经 2~3 天后表现出深绿、浅绿相间的花叶。抗病品种或受害晚的植株一般不矮化，仅新叶呈现花叶，仍可正常结荚或结荚减少。感病品种或早期受害的植株显著矮化，新叶呈现花叶斑驳和隆起疱斑，叶缘下卷，病叶皱缩变脆，结荚少甚至不能结荚。高度感病的品种除出现上述症状外，还表现为顶芽皱缩卷曲，后期呈黑褐色枯死状，病株花芽萎缩，不结荚或豆荚畸形。病株种子常表现为褐斑粒，即病粒上出现云纹状或放射状斑驳。因受气候或品种的影响，有时无斑驳或很少有斑驳（图 8-6）。

图 8-6　大豆病毒病

2. 综合防治方法

（1）加强检疫。

不同地区的病毒种类或株系有所不同。有些毁灭性的病毒病在我国尚未发现，为防止这些病害扩大蔓延，应加强检疫，对引进的种子应先隔离种植。

（2）农业防治。

选用抗病品种，可结合当地情况及病毒种类，选用抗病丰产良种。播种无病种子，要建立无病留种田或在无病株上采种，播前严格选粒，清除褐斑粒。加强栽培管理。适期早播，中耕除草，加强肥水管理，及早拔除田间病株。

（二）大豆胞囊线虫病

1. 病害概述

大豆胞囊线虫病主要发生在北方大豆产区，在东北三省发生尤为普遍和严重。

在大豆整个生育阶段均可发病。苗期发病，子叶及真叶变黄，发育迟缓。成株期发病，植株矮小，叶片变黄，叶柄及茎顶端失绿呈淡黄色，开花推迟，结荚小而少；发病严重时茎叶变黄，叶片干枯、脱落，大豆成片枯死，似被火烧焦一样，因而有“火龙秧子”之称。根部被线虫寄生后，根系不发达，侧根减少，须根增多，根瘤少而小，并在根系上着生许多白色或黄白色小颗粒，即胞囊（图 8-7）。

图 8-7　大豆胞囊线虫病

2. 综合防治方法

（1）选用抗病品种。

由于各地线虫小种类型不同，结合本地区自然条件及病虫害种类，选用高产抗病虫品种。要从无病区地块或无病株及虫粒率低的地块留种。

（2）合理轮作。

病田种玉米或水稻后，胞囊量下降 30% 以上，是行之有效的农业防治措施，此外要避免连作、重茬。

（3）药剂防治。

可用 3% 克线磷 5 千克拌土后穴施，效果明显。

（4）诱导抗病防治。

大豆胞囊线虫细胞壁是由甲壳素与蛋白质组成，甲壳素酶可将其破坏，达到防治目的。使用时期为大豆苗后早期 1~2 片复叶、开花前喷雾，多次使用有积累增效作用。

（三）大豆灰斑病

1. 病害概述

大豆灰斑病又称褐斑病、斑点病或蛙眼病。大豆灰斑病是世界性病害，也是我国大豆主产区的重要病害，尤以东北三省为害严重。

大豆灰斑病对大豆叶、茎、荚、籽实均能造成为害，以叶片和籽实最严重。子叶上病斑圆形、半圆形或椭圆形，深褐色，略凹陷。叶片上病斑多为圆形、椭圆形或不规则形，病斑中央灰白色，周围红褐色，与健部分界清晰，这是区分灰斑病与其他叶部病害的主要特征。气候潮湿时病斑背面有密集的灰色霉层，即病菌的分生孢子梗和分生孢子，严重时一叶片上可生几十个病斑，使叶片提早脱落。茎、枝和叶柄上结荚后产生椭圆形或纺锤形病斑，中央褐色，边缘红褐色，后期中央灰色，边缘黑褐色，其上布满微小黑点。荚上病斑圆形或椭圆形，形状颜色同叶上病斑。种粒上病斑圆形至不规则形，中央灰色，边缘红褐色，形成蛙眼（图 8-8）。

图 8-8 大豆灰斑病

2. 综合防治方法

（1）选种抗病品种。

要注意在一个地区连续种植一个抗病品种之后，由于品种选推压力作用，会引起生理小种变化，而使抗病品种丧失抗性，因此，要几个品种交替使用，延长品种的使用年限。

（2）药剂防治。

①每亩用40%多菌灵胶悬剂100克稀释成1000倍喷雾。

②每亩50%多菌可湿性粉剂或70%甲基托布津100～150克兑水稀释成1000倍液。药剂防治要抓住防治时机，田间一次施药的关键时期是始荚期至盛荚期。

（四）大豆根腐病

1. 病害概述

从幼苗到成株期均可发病，主要被害部位为主根，一般初发病斑为褐色至黑褐色小斑点，以后迅速扩大呈棱形、长条形、不规则形大斑，病重时整个主根变为红褐色或黑褐色，皮层腐烂呈溃疡状，病部细缢，有的凹陷，重病株侧根和须根脱落使主根变成秃根。一般根部受害，病株地上部长势很弱，叶片黄而瘿小，植株矮化，分枝少，重者可死亡；轻者虽可继续生长，但叶片变黄以致提早脱落，结荚少，粒小，产量低（图8-9）。

2. 综合防治方法

（1）选育抗病品种。

可选用发病轻的高产、优质的大豆品种，适时晚播，播种深度不能超过5厘米。

（2）合理轮作。

实行与禾本科作物3年以上轮作，严禁大豆重迎茬。

（3）合理施肥。

施足底肥和及时进行中耕培土。

（4）药剂拌种。

推迟侵染期，常用药剂有含有多菌灵、福美双和杀虫剂的大豆种衣剂拌种，或用适乐时加阿普隆按比例拌种，或用宁南霉素水剂拌种。

图 8-9　大豆根腐病

二、大豆虫害诊断与防治

（一）大豆食心虫

1. 虫害概述

大豆食心虫，又名大豆蛀荚虫、小红虫等，属鳞翅目，小卷叶蛾科。分布几乎遍布全国，以东北及山东部分地区发生严重。主要为害大豆及野生大豆等，以幼虫蛀荚咬食豆粒，影响产量和品质。

大豆食心虫又名大豆蛀荚蛾，属鳞翅目，小卷蛾科。以幼虫蛀入豆荚食害豆粒，形成破瓣豆，对产量、品质影响较大。而后者的蛀入孔和脱荚孔多在豆荚的侧面靠近合缝处，脱荚孔椭圆形，且小。

成虫为暗褐色或黄褐色小蛾子。体长 5~6 毫米，翅展 12~14 毫米。前翅灰黄褐色杂生，近长方形。后翅前缘银灰色，其余部分深褐色。卵稍扁平，椭圆形，初产乳白色，后变橘黄色，孵化前变成紫黑色。幼虫共分 4 龄，初产时淡黄色，入荚蜕皮后变为乳白色。老熟后呈红色，略呈圆筒形。蛹呈纺锤形，红色或黄褐色，羽化前呈黑褐色（图 8-10）。

图 8-10　大豆食心虫

2. 综合防治方法

（1）农业防治。

大豆食心虫属于单食性害虫，只为害大豆，成虫飞翔能力又很弱，不能远距离飞翔，所以，实行远距离轮作可减轻其为害；在大豆收获后，应及时秋翻，增加越冬幼虫的死亡率。

（2）防治成虫。

一般在8月初成虫盛发期，将玉米芯每一厘米断一节，浸入敌敌畏原油中浸泡，然后将吸足药液的玉米芯按每隔4垄，每前进5步的密度夹在大豆分枝上。

（3）防治幼虫。

于8月中旬用菊酯类药，如每亩用2.5%功夫乳油15~20毫升；或用2.5%敌杀死乳油16~24毫升对水喷雾。

（二）豆荚螟

1. 虫害概述

豆荚螟又叫豆荚斑螟，俗称蛀豆虫、红虫、豆瓣虫等，属鳞翅目，螟蛾科。豆荚螟广泛分布于我国各大豆产区，尤以华南、华中、华东等地受害最重，是我国大豆产区的主要害虫之一。豆荚螟对大豆的为害与大豆食心虫对大豆的为害很相似，但豆荚螟幼虫的蛀入孔和脱荚孔多在豆荚中部，而大豆食心虫的脱荚孔多在豆荚的侧面近合缝处。豆荚螟除为害大豆外，还可为害豌豆、柽麻等各种豆类、豆科绿肥和刺槐等约60多种植物。

豆荚螟幼虫在豆荚内蛀食豆粒，轻则造成残破，重则全荚豆粒被吃空，豆粒被虫粪污染后，易霉烂。豆荚螟蛀入孔和脱荚孔多在豆荚中部，脱荚孔圆形而大，成虫体长10~12毫米，翅展20~24毫米，体灰褐色；下唇须长，向前伸出。前翅狭长，灰褐色，前缘自肩角到翅尖有1条白色纵带，近翅缘1/3处有1条金黄色宽横带，后翅黄白色。卵椭圆形，长0.5~0.8毫米，孵化前为灰褐色。幼虫初孵幼虫淡黄色，老熟幼虫体绿色，背面紫红色，腹足趾钩为双序环形，蛹黄褐色（图8-11）。

图8-11　豆荚螟

2. 综合防治方法

（1）农业防治。

选育早熟丰产、结荚期短、荚毛少或无毛品种，可减少成虫产卵，减轻为害；避免豆类作物或豆科绿肥作物连作或邻作，有条件的地方可进行水旱轮作；豆类收获后及时进行翻耕，可消灭潜伏于土中的幼虫和蛹，减少虫源。

（2）生物防治。

老熟幼虫入土前，田间湿度高时，可施用白僵菌粉剂，每亩用 1.5 千克或干菌粉 0.5 千克加细土 4.5 千克。有条件的地方，卵期释放赤眼蜂效果也很好。

（3）药剂防治。

在成虫盛发期和卵孵化盛期前喷药于豆荚上，可毒杀成虫及初孵幼虫。可喷药 1～3 次，每次间隔 5～7 天。可选用：5%锐劲特胶悬剂 2500 倍液；2.5%醚菊酯乳油 2000～3000 倍液；50%杀螟松乳油 1000 倍液；20%速灭杀丁乳油 2000～3000 倍液；每亩 40%灭虫清乳油 30 毫升兑水 50 千克～60 千克等。

（三）大豆蚜

1. 虫害概述

蚜虫，俗名蜜虫、腻虫、油汗等，主要寄主有大豆、鼠李、圆叶鼠李、野生大豆等。以成虫或若虫吸食大豆嫩枝叶的汁液，造成大豆茎叶卷缩，根系发育不良，分枝结荚减少。此外，还可传播病毒病。

有翅孤雌蚜体长 1.2～1.6 毫米，长椭圆形，头、胸黑色，额瘤不明显，腹部圆筒状，基部宽，黄绿色，腹管基半部灰色，端半部黑色，尾片圆锥形。无翅孤雌蚜体长 1.3～1.6 毫米，长椭圆形，黄色至黄绿色，腹部第 1 节、第 7 节有锥状钝圆形凸起；额瘤不明显，触角短于躯体（图 8-12）。

图 8-12　大豆蚜

2. 综合防治方法

（1）农业防治。

及时铲除田边、沟边、塘边杂草，减少虫源。

（2）生物防治。

利用瓢虫、草蛉、食蚜蝇、小花蝽、烟蚜茧蜂、菜蚜茧蜂、蚜小蜂、蚜毒菌等控制蚜虫。

（3）药剂防治。

蚜虫发生量大，农业防治和天敌不能控制时，要在苗期或蚜虫盛发前防治。可选用35%卵虫净乳油1000~1500倍液、20%好年冬乳油800倍液、50%抗蚜威（辟蚜雾）可湿性粉剂1500倍液、5%增效抗蚜液剂2000倍液、2.5%天王星乳油3000倍液。抗蚜威有利于保护天敌，但由于蚜虫易产生抗药性，应注意轮换使用。

（4）物理防治。

可利用银灰色膜避蚜和黄板诱杀。

第九章　油菜的高产栽培及病虫害防治技术

第一节　油菜的生长发育

一、油菜生长条件

（一）温度

油菜是喜冷凉、抗寒力较强的作物，据试验，种子发芽的最低温度为4～6℃，在20～25℃条件下4天就可以出苗。开花期15～19℃，角果发育期12～15℃，且昼夜温差大，有利开花和角果发育，增加干物质和油分的积累。

（二）水分

油菜生育期长，营养体大，结果器官数目多，因而需水较多，各生育阶段对水分的要求为：发芽出苗期一般土壤水分应保持在田间持水量的65%左右，蕾苔期开花期为田间持水量的76%～85%，角果发育期为田间持水量的60%～80%。

（三）肥料

据测定，每生产100千克油菜籽，氮、磷、钾三者的比例为1∶0.35∶0.95，对三要素的需求量相当于禾谷类作物的3倍以上。另外，油菜对微量元素硼较敏感，缺乏易造成花而不实。

（四）土壤

油菜是直根系作物，根系较发达，主根入土深，支、细根多，要求土层深厚，结构良好，有机质丰富，既保肥保水，又疏松通气的壤质土，在弱酸或中性土壤中，更有利于增加产量，提高菜籽含油率。

二、油菜生长发育过程

油菜的一生可分为发芽出苗期、苗期、现蕾抽薹期、开花期和角果发育成熟期5个生育阶段。

（一）发芽出苗期

油菜种子无明显休眠期，成熟的种子播种后遇适宜条件即可发芽。种子发芽以土壤水分为田间最大持水量的60%～70%较适宜。最适温度为25℃，低于3～4℃，高于36～37℃都不利于发芽。在田间土壤水分适宜条件下，当日平均温度16～20℃，播后3～5天出苗，5℃以下则20多天才能出苗（图9-1）。

图 9-1　油菜发芽出苗期

（二）现蕾抽薹期

油菜从现蕾至初花称为现蕾抽薹期，为营养生长和生殖生长并进时期，一般是先现蕾后抽薹。现蕾是指揭开主茎顶端 1~2 片小叶能见到明显花蕾的时期。我国冬油菜现蕾抽薹期一般在 2 月中旬至 3 月中旬，时间迟早因品种和各地气候条件而有差异。油菜一般先现蕾后抽薹，但有些品种，或在一定栽培条件下，油菜先抽薹后现蕾，或现蕾抽薹同时进行。油菜在现蕾抽薹期营养生长和生殖生长同时进行，在我国长江流域甘蓝型油菜现蕾抽薹期一般为 25~30 天（图 9-2）。

图 9-2　油菜现蕾抽薹期

（三）开花期

开花期是营养生长达到最大值并进入旺盛的生殖生长为主导的时期。盛花期时株高、叶面积和干重达最大值，最大叶面积系数可达 4~5，叶片光合作用旺盛。油菜花期长 30~40 天。开花期迟早和长短，因品种和各地气候条件而有差异，白菜型品种开花早，花期较长；甘蓝型和芥菜型品种开花迟，花期较短。早熟品种开花早，花期长，反之则短；气温低，花期长。油菜开花期是营养生长和生殖生长最旺盛的时期。

油菜开花顺序与花芽分化顺序相同。一朵花开花需经历 4 个阶段：显露阶段，伸长阶段，展开阶段，萎缩阶段。油菜属虫媒花和风媒花，花粉在柱头上约 45 分钟后即发芽，授粉后 18~24 小时后受精。雌蕊在开花后 3 天内受精能力最强。

油菜开花期需要一定环境条件，温度为 12~20℃，最适为 14~18℃，早熟品种适温偏低，迟熟品种适温偏高。开花期适宜的相对湿度为 70%~80%，土壤湿度应为田间最大持水量的 85%左右（图 9-3）。

图 9-3　油菜开花期

(四) 角果发育成熟期

从终花到角果籽粒成熟的一段时间称为角果发育成熟期，是角果发育、种子形成、油分累积的过程，具体又可分为绿熟期、黄熟期和完熟期。角果发育的特点是长度增长快，宽度增长慢。种子干物质的 40%是由角果皮光合产物提供的。

油菜种子由胚珠受精后发育而成。大体分为 3 个阶段：细胞增殖阶段，种胚发育阶段，种胚充实阶段。

第二节　油菜的高产栽培技术

油菜是关中地区第一大油料作物，群众的食用油绝大部分都来自油菜，因此对油菜的需求量很大。但是，需求大却不能得到有效供给，问题就出来了。第一，菜籽收益低于其他农作物。第二，劳动力结构影响种植面积。随着青壮年外出务工人数明显增加，小麦机械化生产比油菜成熟，导致油菜种植面积下降而小麦种植面积增加。

为实现油菜增产、农民增收的目标，为调动农民种植油菜的积极性，为改善生活用油供给缺口不断扩大的现状，油菜高产栽培技术推广势在必行。

一、选用良种

宜选用成熟耐迟播、种子发芽率强、抗倒性强、主头状花序长、株形紧密、抗病力高的双低油菜种类。

二、适时播种，培育壮苗

油菜适合在 9 月中、中下旬栽种，苗期与田地 1∶5 比例挑选并亩施人和动物粪 20 至 30 担，磷钾肥 30 至 40 千克作基肥。用种量 1 亩 0.4 千克，1 亩田地用种量是 100 克分厢过磅往返匀播，播完用灰肥或细黄土层盖籽。

三、追施薹花肥

蕾薹期（从现蕾到初花）是生殖生长与生殖生长两旺期，有“春菜猛如虎”的美称，是需肥和春发搭个丰收铁架子的主要阶段。革命老区力及苗情，亩追尿素 5~8 千克、氯化钠 3~5 千克，可以提高已分裂花蕾的成高效率，降低脱花，是抗病性抗倒、争得多角果的关键所在。

四、花期叶面施肥

花时或初花期，亩用磷酸二氢钾 3~4 两、尿素 5~6 两、（土壤层缺硼，或发觉花骨朵核心发黄的油菜田）硼砂 1~2 两（先用开水溶解），挑选大晴天没有风在下午对叶片喷洒，能防花而不实，多结角、增粒体重增加。

五、化控防倒

对肥力高、人群大一点的田块，始薹至抽薹期 1 亩喷洒 15%矮壮素霜脲氰 40 克，有明显旺苗、壮株及抗倒提高产量功效；切勿漏喷、重喷。

六、打顶增角果

角数、粒数、粒重是油菜生产量三要素。粒数、粒重由于受种类、气候等影响很大，人为因素掌控的提高产量发展潜力比较小，但根据苗情适度摘心，能够促进侧芽发枝，是提升角果非常简单有效的办法。为促进发枝快而壮，摘心后应该马上亩用尿素 4~5 千克、氯化钠 2~3 千克进行一次施肥。

七、中耕培土除草

中耕 2 次，栽种存活之后进行第一次中耕，5~6 叶期用灭草剂“丰山盖草灵”锄草 1 次，12 月底至次年 1 月中旬融合施腊肥进行一次深中耕，适度松土壅蔸。

八、摘除受冻菜苔，看苗追施薹肥

对受冷的油菜薹要抢晴切除，与此同时看苗追施薹肥：对基肥足，冬天受旱轻，春天基本上未受冷，生长发育健硕、充沛的油菜能少施乃至不施薹肥，避免油菜中后期因基肥使用太多贪青迟熟。相反，对基肥施得少，冬天受旱重，植物生长发育较差，春天又遭到冷害摘薹的油菜，要把握现阶段有益苗情，重施薹肥，一般亩施尿素 7~10 千克，促油菜尽快地恢复生长发育，高发发枝，提高效益。

九、花期排渍

油菜花期对渍害比较敏感，易导致根茎氧气不足、生命力降低，加剧根腐等问题产生，严重危害生产量与质量。因而花期遇雨水多，需及时排渍，以提升土壤层渗透性，缓解渍害和菌核病产生的影响。

第三节　油菜的病虫害防治

油菜是重要的经济作物，用途较为广泛，不仅是压榨油的重要原料，还是一种富含蛋白质的植物，所以我国大部分地区都种植了大面积的油菜，并利用油菜进行能源的开发，以促进油菜生产的进一步发展。与其他农作物一样，在油菜种植过程中，也会遭受病虫害的影响，不仅对油菜质量造成了严重的影响，还对油菜整体产量造成了一定的影响。基于当前油菜种植实际情况，必须对油菜病虫害进行针对性防治，以有效提升油菜种植产量与质量，确保油菜种植水平的提高。

一、油菜病害诊断与防治

（一）油菜菌核病

1. 病害概述

从苗期至油菜成熟期间，油菜菌核病都有可能会发生，通常会在花期结束之后发生，一旦发生此类病害，极有可能会危害到茎秆叶子、花豆、荚果，其中，茎秆患病初期阶段是油菜茎秆遭受损害最严重的期间，通常表现为危害部位有淡褐色的水渍病斑，随着时间的推移，其颜色还会逐渐转变为灰白色。如果田间的实际湿度超过一定标准，遭受损害的地方会逐渐腐烂，腐烂部位的表层也会形成白色的絮状霉层。茎干皮层部位存在的腐烂干燥后，其表皮处可能会发生龟裂，随着风吹，整个茎秆也会发生此种情况，不再局限于表皮处。

在油菜生长过程中，如果其处于潮湿患病阶段，出现病害处极容易形成菌核。当油菜的叶子患病之后，其上部会出现一种形状为圆形的，并且较为规则的水渍斑点，过了一段时间之后，通常为几天之后，斑点的颜色会变为青褐色，其周围还会出现轮纹。如果病害处的湿度处于较高的范围内，也容易出现白色的霉层。

如果病斑的中部颜色为黄褐色，易开裂穿孔，进而导致菌核的真菌散落。一旦花器处受到伤害，往往无法正常进行授粉，此种情况下，就算种子已经成型，也会存在不饱满现象，进而对油菜产量与质量造成巨大的影响（图 9-4）。

图 9-4　油菜菌核病

2. 防治方法

在适当的期限内进行中耕，当油菜处于盛花阶段时，一般能够进行 2~3 次中耕培土操作，可为油菜根系生产、发育的正常进行提供一定的保障，并且还可规避倒伏问题的发生。当然，通过落实适当的中耕处理，还可消除菌核，进而全面减少病害发生次数。

在适当的期限内进行排水操作，并开挖排水沟，为排水性能、土壤通透性能的正常发挥提供保障，使油菜能够深扎根。

合理管控氮肥施加量，补充施加适量的钾肥、磷肥，促进油菜菜苗的茁壮生长。将老病叶子全部摘除、清除，以规避油菜徒长现象的出现。施加适当的药剂，在油菜盛花期，可喷洒 50%多菌灵 800 倍液或是 70%甲基托布津 100 倍液等，每周 1 次，持续两三次就可以，药剂喷洒阶段，应尽量确保药剂喷洒在油菜中下部茎叶部位。

（二）油菜霜霉病

1. 病害概述

当油菜受到霜霉病的损害之后，其叶片表面临近区域通常会出现一种颜色为灰白色、淡黄色或是黄绿色非常显著的、形状不一致的病斑，对于油菜叶片的背面部位，还会出现许多白色的霜状霉菌。一片叶子上的病斑一般是相连的，在病害发生的后期阶段，存在病害的叶子的局部或是整体还会发生枯死的情况。一般情况下，油菜霜霉病大多发生在连续阴雨天气、田间湿度较大的阶段（图 9-5）。

图 9-5　油菜霜霉病

2. 防治方法

（1）提高田间管理力度。在油菜种植期间，在适宜的阶段施加适量的底肥，但需要严格地管控氮肥施加量，同时还可增施一定量的钾肥与磷肥。对于油菜的灌溉操作，应当严格遵循小而勤的原则。如果遇到了连续的阴雨气候，应及时做好排水处理。油菜收获之后，应集中处理病叶与病枝，以减少真菌的传播。

（2）在田间发病初期阶段，对于药物防治，可喷洒 72%霜康可湿性粉剂 800 倍液或是 50%甲霜铜可湿性粉剂 60 倍液等适当的药剂，每周 1 次，持续喷洒 2~3 次即可。

（三）油菜黑斑病

1. 病害概述

油菜黑斑病病害通常会以菌丝、分生孢子的形态在种子内部、外部度过整个冬天或是夏天，种子病菌携带率 60%，带有病菌的种子通常会引发种子腐烂、死苗现象（图 9-6）。

图 9-6　油菜黑斑病

2. 防治方法

一是选择具有良好抗病性的种子种植。二是实施大面积轮作，施加适量的以酵素菌沤制的堆肥。如果油菜生长过程中染上了黑斑病，必将严重影响到油菜种植。所以，如果不对此类病害进行有效的防治，大面积的油菜必将受到该类病菌的侵害，进而严重影响到油菜的种植与收获。针对此，在进行油菜黑斑病防治时，应选用具有良好抗病性的种子，并进行大面积轮作，在油菜生长过程中，在适当的时期施加一定量的酵素菌肥料，全面消除黑斑病菌。

二、油菜虫害诊断与防治

（一）油菜蚜虫

1. 虫害概述

油菜蚜虫即为人们所称的腻虫，在冬季干旱情况下或是缺乏有效灌溉的区域，极容易发生此类病害，油菜抽薹期或成熟期是蚜虫病害频发阶段。蚜虫不仅会吸食油菜幼嫩组织，还会留下一定的分泌物体，进而对油菜的正常生长造成严重的影响。此外，油菜蚜虫是病毒病传播的主要途径，如果不能及时防治，必将带来巨大的经济损失（图 9-7）。

图 9-7　油菜蚜虫

2. 防治方法

（1）落实中耕操作，及时消除苗期内受到蚜虫侵害的油菜，若有条件，应采用药土将其覆盖。在油菜花开花前，落实中耕培土操作，保证田间定值密度的合理性，增加田间透光度。

（2）基于蚜虫特性与病害情况，可采用黄板诱杀蚜虫。

（3）如果油菜上存在的蚜虫数量达到了防治标准，可每亩用5%氯氟氰菊酯乳剂20克，加水50千克；或是20%氰戊菊酯乳剂30克/亩，加水75千克等药剂进行病害的防治，依据害虫危害实际情况，每间隔1周喷洒1次，连续喷洒1~2次即可。

（二）油菜茎象甲

1. 虫害概述

油菜茎象甲的幼虫通常会通过钻蛀的形式对油菜的茎叶造成危害，而油菜茎象甲的成虫则会侵害油菜的叶片、茎皮，严重情况下，油菜受害茎叶概率高达70%（图9-8）。

图9-8　油菜茎象甲

2. 防治方法

当成虫处于活动期间，此阶段可喷洒2.5%敌百虫粉，或是1.5%乐果粉剂，喷洒标准2~3千克/亩。对于油菜茎象甲病害的防治，农药的喷洒是最为直接的、最有效的一种防治策略。此外，根据油菜茎象甲的特征及其繁殖状况，必须做好成虫期间的防治操作。但在防治过程中，应定时按照既定农药比例喷洒农药，以有效防治油菜茎象甲虫害。

在油菜作物种植过程中，要想最大限度地减少病虫害的危害，必须依据油菜病虫害现状，制定具体的防治措施，以有效防治各种病虫害带来的危害，提升油菜种植产量与质量。

第十章　芝麻的高产栽培及病虫害防治技术

芝麻是我国四大食用油料作物之一，它的营养价值非常高，受到广泛的应用，老少皆宜，市场需求也较大，所以现在种植芝麻的农户越来越多，全面提升芝麻产量就成为农户面临的首要问题。

第一节　芝麻的生长发育

一、出苗期

芝麻出苗期指从种子下地到胚芽伸出地面、2 片子叶张开的时期，常称出苗期。这一阶段的长短，视地温、墒情、播种深浅，以及种子发芽势而定。正常情况下，春播 5~8 天，夏播 3~5 天，秋播 3~5 天。芝麻适宜发芽的外界条件：温度 25~32℃，积温 120℃左右，土壤水分占田间最大持水量的 70%，pH 值 6.0~7.5。在稳定气温小于 18℃、土壤水分占田间最大持水量 50%以下或 80%以上时不利发芽。

二、幼苗生长期

芝麻幼苗生长期指出苗到植株叶腋中第 1 个绿色花蕾出现的时期，又称苗期。苗期长短与品种、气温、光照等有关。正常夏播，苗期 25~35 天；同一品种春播要比夏播长 5~10 天，秋播比夏播短 5~7 天。苗期适宜的生长条件：气温为 25~30℃，积温大于 1000℃，空气相对湿度 80%以上，土壤水分占田间最大持水量的 60%~75%。在平均气温小于 16℃、积温小于 1000℃、空气相对湿度小于 75%、日照时数小于 220 小时时，不利于苗期生长（图 10-1）。

图 10-1　芝麻幼苗生长期

三、蕾期

芝麻蕾期指植株第1朵花蕾出现到花冠张开的时期，又称初花期，通称蕾期。蕾期长短：夏播一般为7~13天，春播延长3~5天，秋播提前2~3天。芝麻蕾期适宜的生长条件：温度25~30℃，土壤水分占田间最大持水量的70%。在气温低于22℃、土壤水分过大或过小、光照不足时，易造成花蕾脱落。

四、花期

芝麻花期指植株开花至终花的时期，常称花期。花期长，单株蒴果多，单产高。花期长短与品种、播种期、田管技术和气温有关，夏播一般24~38天。同一品种春播花期比夏播长7~10天，秋播的比夏播短10~15天。花期适宜的开花气温25~30℃，积温大于1300℃，空气相对湿度大于75%~85%，土壤水分占田间最大持水量的75%~85%，日照时数大于350小时。在平均气温小于20℃、积温小于1000℃、土壤水分占田间最大持水量的75%以下或90%以上、日照小于300小时时，不利开花或易造成花朵脱落、花而不实等（图10-2）。

图10-2　芝麻花期

五、成熟期

芝麻成熟期指终花至主茎中下部叶片脱落，茎、果、种子已呈原品种固有色泽的时期，常称成熟期。终花至成熟，一般为10~20天。成熟期适宜的外界条件：气温小于25℃，积温大于400℃，土壤水分占田间最大持水量的65%~75%，日照大于100小时。在气温小于20℃、积温小于300℃、空气相对湿度小于70%、土壤水分占田间最大持水量的55%以下、日照小于100小时时，不利成熟，易造成瘪果或嫩蒴脱落。

第二节　芝麻的高产栽培技术

一、选用良种

良种是高产的内因。近几年来表现良好的有鄂芝 1 号、襄芝 2 号、豫芝 4 号、中芝 7 号、中芝 8 号、中芝 10 号和黑芝麻中芝 9 号等。它们综合性状好，产量均达到每亩 100 千克以上，而且适应性强，可在各地种植。

二、轮作换茬

芝麻连作，会使病害加重。据调查，芝麻连作 1 年，大田发病率达 50%以上，连作 2 年高达 80%。因此，最好与玉米、甘薯、大豆、高粱、棉花等作物实行 3～4 年的轮作。

三、沟厢改革

芝麻不耐渍涝，受渍后极易被病害浸染，而且根系生长发育不良，特别是后期易被风刮倒。因此，应改平作为深沟窄厢，使田间既能排明水，又能滤暗渍，芝麻就能正常生长。一般厢宽 1.5～2 米，厢沟宽 30 厘米左右，沟深应深于耕层。

四、双层播种

在适期早播的前提下，实行“抢晴双层播种”，即在土地耕翻后，立即夹播 1 层种子，耙 1 次单耙，再播 1 层种，最后进行横耙、直耙、对角交叉耥耙，把土耙碎耙平。这样播种的好处是：天干地旱时，底层种子可吸收水分按时出土；雨天墒情足时，上层浅层种子可完全出苗。能做到干旱和雨天双保险，确保一播全苗，一次齐苗。

五、合理密植

亩产 100 千克以上，芝麻种植密度为：单秆型品种 1.5 万～1.8 万株左右，株距 13～16 厘米，行距 26 厘米；分枝型品种 8000～10000 株，株距 22～24 厘米，行距 33 厘米。芝麻出苗后要及时间苗，“想吃芝麻油，先破十字头”，即要求在第 1 对真叶时就要进行第 1 次间苗，拔除过密苗，以叶不搭叶为度；到 3～4 片真叶时要进行第 2 次间苗，以促进芝麻幼苗的均衡健壮生长，防止“苗荒”。间苗时，发现缺苗时，要及时带土移苗补栽上。当芝麻长至 12～15 厘米时，要立即进行最后 1 次间苗并定苗。

六、科学施肥

要施足基肥，每亩施优质农家肥 2500 千克，配施过磷酸钙 25～30 千克，有机肥不足时增加施用尿素 5 千克。施用前将磷肥与农家肥混匀堆沤 15 天以上，在浅耕灭茬时，翻施于土壤。开花结蒴期是芝麻生长最旺盛时期，也是需肥高峰期，吸收养分占总量的 70%左右，必须增施花肥满足需求。实践证明：追施花肥可增产 30%以上。追肥方式是土壤施氮肥和根外喷磷、钾和硼肥。于初花期，每亩追施硫酸铵 10~15 千克或尿素 7.5~10 千克，同时，用 0.4%的磷酸二氢钾与 0.2%的硼砂混合溶液进行叶面喷施，5 天左右 1 次，连喷 2 次。

七、适时打顶

芝麻主茎生长点由于存在顶端生长优势，会消耗大量营养物质，使茎部上端后期形成的花、蒴果得不到养分而发育不良，形成无效果实。打顶可减少消耗，促进蒴果生长充实，减少花器脱落，从而增加实粒和粒重，提高产量。一般在盛果期后，当主茎顶端叶节簇生，近乎停止生长时，选晴天上午摘除顶芽 3 厘米。

八、适时收获

一般以大部分叶片发黄，部分叶片脱落，茎顶 4~6 厘米呈青黄色，最下部 4~6 厘米蒴果已经开裂时为适宜的收获期。收获过早不高产，收获过迟损失大。

第三节　芝麻的病虫害防治

一、油菜病害诊断与防治

（一）芝麻枯萎病

1. 病害概述

该病是一种发生普遍、危害严重的真菌性病害，俗称“半边黄”或“黄死病”，安徽、河南、湖北等芝麻主产区均有发生。一般发病率为 5%~10%，严重者达 30%以上。苗期发病造成缺苗，后期发病致使植株过早落叶、枯死，种子发育不良、炸蒴落粒，对产量有较大的影响。

苗期发病，植株猝倒枯死；后期发病，叶片由下向上逐渐枯萎，与芝麻青枯病的凋萎顺序恰恰相反。潮湿时，病斑上出现一层粉红色粉末。病茎导管或木质部呈褐色。病根部半边根系变褐，并顺沿茎部向上侵染，使相应的半边茎部呈红褐色干枯条斑。发病半侧因为导管阻塞及病菌分泌毒素的毒害，使病株半侧的叶片枯死呈半边黄现象，逐渐枯死脱落，同时半侧的蒴果也变小。病株早熟枯死，籽粒瘦瘪，易炸蒴脱粒（图 10-3）。

图 10-3　芝麻枯萎病

2. 防治方法

（1）调换茬口，实施轮作。选用 3~5 年未种过芝麻的地块种植芝麻，与甘薯、小麦、玉米等轮作，可减轻病害。

（2）选用耐病品种，精选优质种子，注意排渍，能为芝麻生长发育创造良好条件，增强抗病能力。

（3）药剂防治。用 5%硫酸铜溶液浸种 20 分钟，防止种子带菌；用波尔多液（石灰、硫酸铜、水的比例为 3∶3∶50）或 0.3%代森锰锌或代森锌或有机铜杀菌剂浸种。药剂拌种：按用药量有效成分为用种量的 0.3%多菌灵拌种。发病初期喷药：大田发病初期每隔 5~7 天喷施 0.2%的硫酸铜溶液或 40%多菌灵 500 倍液 1 次，连喷 2~3 次。

（二）芝麻茎点枯病

1. 病害概述

该病属真菌性病害。发病后，茎秆发黑，着生很多黑点，大风、雨后植株易倒伏。在安徽、湖北、河南和江西危害较重，一般发病率为 10%~20%，严重的达 60%~80%，甚至成片枯死。病株千粒重、单株产量、含油率均明显下降，轻则损失 10%~15%，重则损失过半。

芝麻一生可发该病，但主要有 2 次危害高峰期：一次是出苗 3~7 天至现蕾期，另一次是封顶至成熟期。发病症状：幼苗期，子叶变黄，根呈水浸状腐烂致死；开花后，根部首先出现褐色斑点，迅速成为绕茎的黄褐色梭形斑块。病斑边缘与健全组织无明显的界限，病斑中部灰白色，其上密生许多黑色小粒（病菌孢子器和小菌核），群众据此病症，称茎点枯病为“黑秆疯”“黑秆病”等。由于病株根、茎的皮层和韧皮组织腐烂，仅剩下纤维，故失去了输导作用，不能吸收水分和养分，茎中髓部呈中空状，茎极易折断。病菌所侵染到的根、茎和前果内的隔膜、胎座和种子，成为翌年的侵染源（图 10-4）。

图 10-4　芝麻茎点枯病

2. 防治方法

（1）农业防治。芝麻收获后，彻底清理病株残体，实行轮作倒茬，选用3~5年未种过芝麻的地块种植芝麻，与水稻、小麦、玉米等轮作，可减轻病害；精耕细作，改良土壤，增施有机肥，注意排渍，能为芝麻生长发育创造良好条件，增强抗病能力而减轻病害；选用无病籽粒种植。

（2）种子消毒。可用55℃温汤浸种10~20分钟，晾干播种。药剂浸种；可用0.1%的40%多菌灵或0.1%的25%瑞毒霉浸种30分钟，晾干播种。

（3）土壤消毒。亩用40%多菌灵1.2千克搅拌适量干土，播前撒入播种沟内，可有效预防或减轻茎点枯病的发生。

（4）喷药防治。在芝麻生育期间气温高，雨水多，利于芝麻茎点枯病的发生和传播，因而除采用上述措施外，在芝麻封顶前后，要进行田间药剂喷洒。选用50%退菌特1500倍液或40%多菌灵1000倍液或10%双效灵1500倍液或70%甲基托布津1000倍液均可，一般喷洒两次，间隔7天，可有效防治茎点枯病的发生和流行。

二、油菜虫害诊断与防治

（一）芝麻天蛾

1. 虫害概述

芝麻天蛾属鳞翅目，天蛾科。主要是灰腹天蛾，俗称芝麻鬼脸天蛾、芝麻人面天蛾。我国芝麻主产区都有发生，个别年份局部发生严重。幼虫咬食叶部及嫩茎、嫩蒴。食量随虫龄增长而加剧，严重时全株叶片被吃光，对产量影响甚大。

老熟幼虫体长92~110毫米，虫体黄绿色或紫灰色。头部色浅，单眼黑色。成虫为大型蛾，体长50毫米，翅展100~120毫米。最显著的特征是胸部背面有人面状斑纹，可见明显两眼点。腹部中央有青蓝色中背线。前翅棕黑色，翅狭长，外缘倾斜，翅基下部有黄色毛丛，翅中室有黄色小圆点。后翅黄色，有两条黑线（图 10-5）。

图 10-5　芝麻天蛾

2. 防治方法

在成虫盛发期尚未产卵前，用黑光灯、糖醋液进行诱杀；用杨树枝捆扎成束，喷上吡虫啉插在田间，对诱杀成虫也有一定效果。药剂防治：对 3 龄前幼虫可用 2.5%敌百虫粉，每亩用 750~1000 克喷粉；或喷施 50%辛硫磷乳油加 2.5%溴氰菊酯 1000 倍液。对 4 龄后老熟幼虫可用 90%的晶体敌百虫 500~600 倍液，或用辛硫磷加菊酯类药液，混合喷打。

（二）甜菜夜蛾

1. 虫害概述

甜菜夜蛾又名贪夜蛾、玉米叶夜蛾，属鳞翅目，夜蛾科，其食性杂，危害广。我国芝麻产区都有发生，局部地区危害严重。常将幼苗生长点咬断，或把叶片吃成孔洞、缺刻，或将叶片全部吃光，仅剩叶脉、叶柄和落秆，影响植株正常生长。除危害芝麻外，还危害玉米、高粱、大豆、甜菜、棉花，各种蔬菜及杂草。

成虫为小型蛾，体长 8~10 毫米，展翅 19~25 毫米，前翅黄褐或褐色，缘脉上有黑点，前翅前缘有环状纹和肾纹。后翅半透明，呈红黄亮光，外缘灰褐，呈银白色带红光。幼虫长 22~27 毫米，头部褐色带灰白点，体色变化很大，有绿、暗褐、黄褐、褐、黑褐等色。胴部有浅黄色背线，下线间为灰黑色，具有白点或暗红点，气门下青色，气门上有青灰白色亮点（图 10-6）。

图 10-6 甜菜夜蛾

2. 防治方法

(1) 除草灭虫，消除成虫部分产卵场所，减少幼虫早期食料来源。

(2) 可根据成虫发生早晚，利用其趋光、喜食蜜源植物等习性，夜晚设置黑光灯诱杀成虫。用杨树枝捆扎成束喷上吡虫啉，插在田间，对诱杀成虫也有一定效果。

(3) 对 3 龄前幼虫可用 2.5%敌百虫粉，亩用 750~1000 克喷粉。或喷施 50%辛硫磷乳油加 2.5%溴氰菊酯 1000 倍液，防效较好。对 4 龄后老熟幼虫可用 90%的晶体敌百虫 500~600 倍液或菊酯类药液喷洒。

第十一章　油茶的高产栽培及病虫害防治技术

油茶为山茶科山茶属灌木或中乔木，其种子不仅可供食用，还可榨油，是优质的食用油，同时还可作为润滑油、防锈油用于工业，具有很高的种植价值。

第一节　油茶的生长发育

一、新梢

油茶有春梢、夏梢和秋梢。春梢在 3 月中旬开始生长，5 月中旬基本结束，4 月中旬至 5 月上旬生长最快；夏梢在 5 月中旬开始生长，从春梢顶部延伸，7 月中旬终止，二次夏梢 7 月中旬至 8 月下旬；秋梢始于 9 月上旬，到 11 月下旬终止。绝大部分花蕾在春梢上分化。春梢在新梢中占 98%以上。盛果期前春梢生长旺盛，盛果期后，春梢生长比较缓慢。

二、花芽

4 月份开始在当年春梢上分化，少数夏梢也能形成花芽。花芽分化迟早，因品种和树体营养条件、生态环境而不同，寒露子比霜降子早，老年树比幼年树早，营养条件好的比差的早，小年比大年分化早。

三、花

10 月上、中旬为初花期，10 月下旬进入盛花期，11 月下旬至 12 月为末花期，也有少数延续到次年 1~2 月份。开花时间以上午 9 时至下午 4 时最多，晚上 6 时以后花瓣合闭，次晨 7 时左右逐渐开放。每朵花从开放到凋谢为 5~6 天。开花第 1~2 天柱头正常，第 3~4 天开始枯萎，花粉在柱头上第 1~2 天发芽率最高，生活力最强，容易受精。油茶一般为虫媒授粉，以异花尤其是异株授粉效果好。盛花期温暖晴朗，昆虫活跃，开花的成果率高。自花授粉和始花、末花期成果率低。在油茶内林应保护和引放土蜂，以提高授粉率和结实率（图 11-1）。

图 11-1　油茶花期

四、果实

3 月中旬以前，幼果生长缓慢，3 月下旬至 8 月下旬果实以体积增长为主，特别是 7 月初至 8 月初这一个月内，增长尤快。8 月中旬以后，果实增长基本停止，进入重量增长和油脂转化过程。油脂转化是在前一段量变的基础上进行的，油脂量逐渐增加，含水量、淀粉、可溶性糖等含量逐渐下降。9 月上旬到果熟，种皮逐渐变成黄褐色或乌褐色，油脂迅速增加，即表示果实已成熟。7~8 月间茶果生长与温度、雨量有密切关系。当年平均温度达到 30℃时，果实生长最快。在适宜的气温条件下，雨量充足能够促进果实生长，如果遇到高温干旱，就会出现“七月干球，八月干油”的现象，相反大雨、暴雨，也会产生落果和裂果。遇低温和早霜，来年产量大幅下降。其结实规律是，花期气温低于常年，则下年为歉收年；如当年为歉收年，则下年为平收年。花期气温高于常年，则下年为丰收年；如当年产量高，则下年为平收年（图 11-2）。

图 11-2　油茶果实

第二节　油茶的高产栽培技术

随着山茶油的营养价值不断被人们接受，油茶树的种植面积也不断扩大，我国油茶种植面积大，但是产量各有不同，科学的油茶栽培管理技术关系到产量，下面详细介绍油茶高产栽培技术。

一、林地的选择、规划和整理

（1）林地的选择：油茶性喜光喜温，喜酸性土，忌严寒酷暑和碱性土，比较适合的是我国南方的红壤、黄土壤均能生长，土层深厚 60 厘米以上，土质疏松、肥沃、湿润、排水良好，地下水位 1 米以下，pH 值为 5～6.5，海拔高度为 100～500 米的丘陵、山岗和平原地区，林地开阔，无寒风，阳光充足，坡度角以 25°以下的中、下坡为宜。

（2）林地规划：既要便于交通运输，有利于机械操作，根据地形、地势和地貌，划分林班和小班，规划好公路、林道和作业区等，有条件的地方还要考虑到灌溉自流化和蓄水、抗旱的设施。

（3）整地：可改良土壤，使土壤熟化和疏松，提高土壤蓄水能力和通气状况，加速土壤中有机质的分解，改善微生物活动条件，提高土壤肥力。整地质量的好坏直接影响油茶造林成活率和林木的生长。特别是在土层较浅薄的山地，整地能加速岩石风化和土壤熟化，增加耕作层的深度，有利于保蓄水分，增加有机质。

二、良种选择

选良种时要注意以下三点：

（1）地域适应，各地气候及立地条件有所差异，应选择适应本地区生态条件的优良品系。

（2）多系配合，油茶异株授粉受精率最高，质量最优。因此栽植油茶无性系要多系配合，应当是 5～10 个以上无性系进行配置造林或改造。

（3）花期一致，所选的油茶花期、成熟期要基本一致，以便达到较高的成果率。

三、茶林丰产技术

种植密度 70～120 株/亩左右，一般掌握缓坡栽稀，陡坡栽密，适宜的行间距为 2.5～3.0 米，株间距为 2.0～3.0 米，种植做到根舒、苗正、土实。

施肥主要以氮肥为主，配合磷钾肥，冬季应施土杂肥或粪肥作为越冬肥，并且随着树体增长，逐年递增。在树苗生长过程中，第一年需要在 20～30 厘米处选留 3～4 个生长强壮的分支，在第二年，保留 2～3 个强壮分支。

幼树前三年需摘掉花蕾，不让挂果，维持树体营养成长，加快树冠成型，为高产稳定打好冠形基础。

第三节 油茶的病虫害防治

一、油茶病害诊断与防治

（一）油茶软腐病

1. 病害概述

分布在，中国亚热带地区均有不同程度发生。主要为害油茶叶片和果实，也能侵害幼芽嫩梢。受害油茶树叶片、果实大量脱落，严重影响生长和结果。油茶软腐病在成林中常块状发生，单株受害严重。油茶软腐病对油茶苗木的危害尤为严重。在病害暴发季节，往往几天内成片苗木感病，引起大量落叶，严重时株病率达100%，严重受害的苗木整株叶片落光而枯死。

叶上病斑多从叶缘或叶尖开始，也可在叶片任何部位发生。侵染点最初出现针尖样大的黄色水渍状斑，几个小病斑可扩大联合成不规则形大病斑。侵染后如遇连续阴雨天气，病斑扩展迅速，边缘不明显，叶肉腐烂，呈淡黄褐色，形成“软腐型”病斑。这种病叶常在二三天内纷纷脱落。侵染后如遇天气转晴，病斑扩展缓慢，棕黄色至黄褐色，中心褐色，边缘明显，形成“枯斑型”病斑。这种病叶不易脱落，有的可留树上越冬。

叶片感病5~7天后，在适宜的温度、湿度条件下，病斑上陆续产生许多近白色、淡黄色乃至淡灰色的蘑菇形分生孢子座。病害能侵染未木质化的嫩梢和幼芽。受害芽或梢初呈淡黄褐色，并很快凋萎枯死，呈棕褐色，可留树上越冬。条件适宜时其上可产生大量蘑菇形分生孢子座。

感病果实最初出现水渍状淡黄色斑点，斑点逐渐扩展成为土黄色至黄褐色圆斑，与炭疽病初期症状相似，但软腐病病斑色泽较浅。侵染后如遇阴雨天，病斑迅速扩大，圆形或不规则形，病部组织软化腐烂，有棕色汁液溢出。如遇高温干旱天气，病斑呈不规则开裂（图11-3）。

图11-3 油茶软腐病

2. 防治方法

密度过大的油茶林要及时整枝修剪或疏伐，使林内通风透光良好。冬季清除病叶、病果，消灭越冬病原。苗圃地要选择排水良好的地方，并加强管理。发病时喷洒 1∶1∶120 波尔多液，或 50%退菌特可湿性粉剂加水 600～800 倍液，或 100～300 倍多菌灵。

（二）油茶炭疽病

1. 病害概述

主要为害油茶叶片和果实。受害油茶树叶片、果实大量脱落。

病果初生黑褐色的斑点，以后扩大成圆形、中央灰黑色、边缘黑褐色的病斑，严重时全果变黑，其上生黑色小点，即病菌的分生孢子盘。雨后或经过露水湿润，盘上产生黏性粉红色的分生孢子脓。病果一般在 10 左右即脱落，少数不脱落的病果常沿病斑中部开裂，种仁散落。

叶上病斑常沿叶缘发生，多呈半圆形，黑褐色，边缘紫红色，后期病斑中心灰白色，内轮生小黑点。

嫩梢病斑椭圆或梭形，初为黑褐色，后转黑色，部分以上枯死。春季，树下部萌蘖上病斑较多老枝病斑梭形或不规则形。花蕾病斑多在基部鳞片上，不规则形，黑褐色或黄褐色，后期灰白色，上有黑点（图 11-4）。

图 11-4　油茶炭疽病

2. 防治方法

（1）在普通油茶林，尤其重病区，选择抗病高产单株、就地繁育，及时推广。

（2）禁止从重病区调种；种子在果壳储藏或播种前，用 0.2%退菌特可湿性粉剂拌种处理。

（3）冬季之早春前，剪除病枝与带有病蕾、病幼果的小枝至病部以下 1.5 寸处；摘除病叶、病果。刮治大枝和干部病斑。刮口和工具经 0.1%升汞水或 75%酒精消毒，伤口涂敷波尔多液保护。

（4）结合抚育，抹除枝干上不定芽，剪除不定芽萌发梢。

（5）根据当地可能条件，喷药保护。选用药物有：波尔多液 1∶1∶100 加 1%～2%茶枯水；50%多菌灵可湿性粉剂加水 500 倍液；50%退菌特可湿性粉剂加水 800～1000 倍液。

（三）油茶白绢病

1. 病害概述

病害多发生于接近地表的苗木茎基部或根颈部，初期皮层出现暗褐色斑点，随后扩大呈块状腐烂病斑，不久即在其表面产生白色绢丝状菌丝体，天气潮湿时，可蔓延至地面，并沿土表伸展。最后在病株根茎部及附近的浅土中，出现油茶籽状小菌核，初呈白色，后变淡红色、黄褐色，终至茶褐色。

苗木被害后，水分和养分输送受阻，以致生长不良，叶片逐渐变黄凋萎，最后全株直立枯死。病苗容易拔起，其根部皮层腐烂，表面有白色绢状菌丝层及小菌核产生（图11-5）。

图 11-5　油茶白绢病

2. 防治方法

发病初期，用1%硫酸铜液浇灌苗根，以防止病害继续蔓延；在菌核形成前，拔除病株，并仔细掘起其周围病土，加入新土；在发病迹地上，每亩施用石灰 50 千克，可以减轻下一季度的病害；注意排水，消灭杂草，并增施有机肥料，以促使苗木生长旺盛，增强抗病能力。发病严重的圃地，可与禾本科作物，如玉米、高粱等进行轮作，轮作年限应在 4 年以上。

二、油茶虫害诊断与防治

（一）茶黄毒蛾

1. 虫害概述

也叫茶毛虫，以幼虫取食叶片、花，吃光后也取食嫩树皮和幼果等，使油茶枯死或大量减产。另外幼虫、成虫体上均具毒毛、鳞片，触及人体皮肤后红肿痛痒。

雌蛾体长 10~12 毫米，翅展 30~35 毫米，雄蛾体长约 10 毫米，翅展 20~26 毫米。雌蛾黄褐色，雄蛾深褐色，中部有两条黄白色横带，除前缘、顶角、臀角外，翅面满布黑褐色鳞片，顶角、臀角各有一个黄色三角区，顶角三角区有 2 个明显的黑色圆斑。

老熟幼虫体长约 20 毫米，圆筒形。头红褐色。胸腹部浅黄色，气门上线褐色，上有白线 1 条，伸达第八腹节。自胸前至第九腹节，每节有毛瘤 8 个，以腹部 1、2、8 节亚背线上的最大。毛瘤上有黄白色细毛（图 11-6）。

图 11-6　茶黄毒蛾

2. 防治方法

（1）加强林地管理。培土灭蛹。在蛹期，培土 7～10 厘米，打实，使土中蛹不能羽化，或烧毁地面枯枝落叶达到灭杀蛹的作用。人工除卵和捕杀幼虫。越冬卵结合茶籽采收，人工摘除卵块，集中烧毁，利用低龄幼虫集群性强，被害明显等特征，摘除有虫叶片，灭杀有虫。诱杀成虫。每年成虫发生期，尤其是羽化盛期，于晚 19：00-23：00 时在林间设置黑光灯或性信息引诱剂诱杀成虫。

（2）生物防治。4 月中下旬，7 月上中旬，在湿润天气每亩用 2.0 万亿～3.0 万亿白僵菌孢子喷雾或含孢量 100 亿/克白僵菌原粉 1 千克或 1600 单位/毫克的苏云金杆菌制剂 3000 倍液防治幼虫。

（3）化学防治。4 月中下旬，7 月上中旬用 0.2%阿维菌素 2500～3000 倍液或 2.5%鱼藤酮乳油 300～500 倍液或 0.36%苦参碱乳油 800～1000 倍液喷雾进行防治。

（二）黑跗眼天牛

1. 虫害概述

幼虫蛀害枝干，常绕食茶树皮层一周，然后蛀入干心为害，被害处形成多个瘤状节结，轻则生长不良，重者易折断或枯死，对油茶树势及产量影响很大。

2 年 1 代，以幼虫越冬。幼虫 3 月底到 5 月下旬化蛹，4 月下旬到 6 月上旬出现成虫，成虫寿命 10 天左右，卵期 10 天左右，5 月中旬到 6 月中旬孵化幼虫，幼虫期长达 22 个月。成虫多选择 10～20 毫米直径的枝条产卵，产卵时，将树皮咬破成新月马蹄形刻槽，然后产卵于刻槽裂缝皮层下。由于幼虫蛀食，被害枝干受到刺激而膨胀成结节状（图 11-7）。

图 11-7　黑跗眼天牛

2. 防治方法

（1）5 月份产卵期刻槽明显，卵期可用锤击产卵刻槽，以杀死卵。加强抚育管理，剪枝灭杀幼虫，抚育油茶同时，将被害枝条环痕处剪去集中烧毁。

（2）人工捕捉成虫。4~5 月份成虫活动盛发期，因为成虫不怎么动，可以在早晨进行人工扑杀。

（3）生物防治。保护和利用黄翅黑兜姬蜂等幼虫期的天敌进行防治。

（4）化学防治。8 月份用 10%吡虫啉乳油 5~10 倍液侵涂产卵痕和早期为害槽，或在虫枝结节下部涂刷一圈，杀灭幼虫。成虫期用绿色威雷 600 倍液或噻虫啉/高效氯戊菊酯微胶囊剂 500 倍液喷枝干触杀成虫。

第十二章　向日葵的高产栽培及病虫害防治技术

向日葵是我国第三大油料作物，常年种植面积100万公顷左右，总产约200万吨。我国是世界第四大向日葵生产国。向日葵中含有大量的不饱和脂肪酸、铁、锌、镁等微量元素，能够保护心血管健康，降低血液胆固醇水平，对身体健康十分有益。

第一节　向日葵的生长发育

一、苗期

向日葵播种后，当土壤含水量为18%，气温8℃~10℃时，种子吸水萌动出苗。一般春播出苗需1276天，夏播仅需3~5天。5℃以上是向日葵种子萌发所需有效温度的起点，从播种到出苗所需有效积温为110~120℃。

向日葵苗期以营养生长为主，随着苗龄的增加和根、茎、叶的不断增长，逐渐向生殖生长阶段过渡，由出苗到4~5对真叶为叶芽形成期，是决定向日葵一生叶片数目多少的时期，7~9对真叶时为花盘锥体分化期，决定花盘的小花数（籽粒数）。9~12对真叶为管状花分化期，决定花盘管状花的数量，花多则粒多、产量高（图12-1）。

图12-1　向日葵苗期

二、现蕾期

当植株出现1厘米左右的花蕾时为现蕾期，需有效积温340~360℃，历时40天达到现蕾。现蕾期株高增长极快，所以这期间需水、需肥量最多，所耗养分约占总需肥量的50%，耗水量约占总水量的43%。

三、开花期

从现蕾到开花一般需要 20 天，此时株高不再增加，花盘基本定型，一个花盘开花的持续时间为 8~12 天，是决定结实率和籽实产量的关键时期（图 12-2）。

图 12-2　向日葵开花期

四、成熟期

向日葵开花授粉后经 30~40 天达到成熟期。成熟的主要形态特征是：花盘背面呈现淡黄色而边缘微绿，舌状花冠凋萎或部分花瓣脱落，总苞叶淡黄，茎秆黄色，下部叶片枯萎下垂，中上部叶片衰老，种皮呈该品种固有的色泽，籽仁含水量显著减少。

第二节　向日葵的高产栽培技术

一、整地施肥

种植向日葵的时候，要选择偏酸性或者偏碱性的土壤，而且要保证土壤肥沃，这样进行向日葵轮作，有利于提高其产量，不过在种植的时候，要先整平地块，然后施入充足的有机肥，有机肥以粪肥和厩肥为主，并挖好排水沟。

二、科学播种

种植向日葵要选择优良的抗逆性品种，种子放于太阳下进行暴晒，可以提高出苗率，可以采用穴播或者开沟点播的方式播种，播种 4~5 颗每穴，保持株距约 60 厘米即可。

三、苗期管理

待向日葵播种出苗后，要确保一播全苗，播种质量不高的话，要及时缺苗补苗，保留苗壮的幼苗，而且要保证幼苗完好无损，每亩种植 1300~1500 株即可。

四、水肥管理

在种植向日葵的时候，需要增加向日葵的根系吸收营养的能力，而且要及时除草，避免杂草争夺养分，而且要及时追肥，在第三次中耕的时候，施入磷酸二铵、尿素等肥料，而且向日葵的花期，需要浇大量的水分，来提高向日葵的结实率。

五、采收

用于嗑食的向日葵，籽仁饱满，在灌浆后籽粒变硬时，成熟后就会出现籽粒松动、易脱落现象，当花盘背面及苞叶变成黄褐色的时候进行采收，要注意避免让葵花籽受到损坏。

第三节　向日葵的病虫害防治

一、向日葵病害诊断与防治

（一）褐斑病

1. 病害概述

褐斑病又名斑枯病，是一种发生面广、危害严重的病害。发病症状从苗期到开花期植株叶片上均可见到病斑，苗期叶片上出现黄褐色小圆斑，成株叶片上病斑扩大，连接成片，正面褐色，背面灰白色，最大病斑可达 15~20 毫米，呈圆形或不规则多角形，周围有黄色晕圈。发病严重时病斑相连，整个叶片枯死（图 12-3）。

图 12-3　向日葵褐斑病

2. 防治方法

其防治方法有以下几点：①选育抗病品种。②及时处理病残体和自生苗。③调整播期，减轻危害。④选地倒茬。⑤合理密植，科学施肥。⑥药剂防治，可用硫菌灵 1000 倍液、石灰等量波尔多液（硫酸铜、石灰、水的配比为 1∶1∶200）、65%代森锌 500~700 倍液等进行防治。

（二）黑斑病

1. 病害概述

黑斑病又名叶疫病，发生面较广，危害也很重。此病主要发生于向日葵叶片、茎秆和花托上。发生于叶片上的病斑呈圆形，直径 5~20 毫米，暗褐色，并具同心轮纹，上面有淡黑色的霉状物即病原菌的子实体。茎秆上的病斑呈梭形，较大，暗褐色，往往互相连接。花托上的病斑也呈圆形，稍凹陷，直径 5~15 毫米。该病同叶枯病很相似，其唯一区别是叶枯病的病斑呈灰白色。当黑斑病发生严重时，将导致叶片枯死（图 12-4）。

图 12-4　向日葵黑斑病

2. 防治方法

其防治方法同向日葵褐斑病。

（三）菌核病

1. 病害概述

菌核病又名白腐病，是向日葵的主要病害之一。一般花盘发病主要是由该菌的子囊孢子侵染引起的，花盘背面出现水渍状褐色病斑，若条件适宜，病斑迅速扩大，花盘腐烂。如果在土壤中菌核发芽产生菌丝，可侵染向日葵根，造成立枯状枯死。子囊孢子在茎上发芽侵染引起茎腐（图 12-5）。

图 12-5　向日葵菌核病

2. 防治方法

防治向日葵菌核病应以预防为主，从各方面设法不让病原菌进入土壤，应抓好以下几点：①消除病残体。②实行轮作倒茬。③选育抗病、耐病品种。④药剂防治。

二、向日葵虫害诊断与防治

（一）向日葵螟

1. 虫害概述

向日葵螟又称葵螟，是以幼虫为害向日葵花盘、花萼片和籽粒的一种害虫。幼虫蛀入花盘后，由外向中心逐渐延伸，将种仁部分或全部吃掉，形成空壳或深蛀花盘，将花盘内蛀成很多隧道，并将咬下的碎屑和排出的粪便填充其中，污染花盘，遇雨后可造成花盘和籽粒发霉腐烂。一头幼虫可蛀食 7~12 粒种子，严重影响向日葵的产量和品质。

向日葵螟成虫是一种灰褐色小蛾，体长 8~12 毫米，翅展 20~27 毫米，前翅狭长，近中央处有 4 个黑斑，灰褐色，后翅浅灰褐色，具有暗色脉纹和边缘，成虫静止时，前后翅紧贴体两侧，与向日葵种子很相似（图 12-6）。

图 12-6　向日葵螟

2. 防治方法

（1）物理防治。用频振式杀虫灯诱杀成虫。在通电条件较为方便的田间或村边，每隔 120 米安置一盏频振式杀虫灯，每盏灯控制面积为 3~4 公顷。从成虫羽化始期开始，一般在 5 月中下旬开灯到 8 月底结束，开灯 3 个月。天黑开灯，天亮关灯。定期清理虫袋。

（2）药剂防治。幼虫危害初期，用 90%敌百虫晶体或 50%巴丹 500 倍液进行喷雾，也可用 20%高效氯氰菊酯乳油 2000 倍液，或生物制剂 BT 乳剂 300 倍液进行喷雾，每株花盘喷洒 40~50 毫升，每隔 5~7 天喷一次效果较好。在 7 月末 8 月初成虫盛发期的夜间 8~9 时，用喷烟机施放烟雾剂 1~2 次。使用的烟雾药剂有 80%敌敌畏乳油，每公顷用药 150~225 毫升。

（二）金针虫

1. 虫害概述

金针虫是叩头甲的幼虫，属鞘翅目叩头甲科。河西地区主要以细胸金针虫为优势种，此外还有褐纹金针虫和沟金针虫。细胸金针虫在春季4月中下旬上升至耕土层内取食为害各类作物的根茎。6月中下旬至9月，老熟幼虫陆续化蛹、羽化。新羽化的成虫留在土内潜伏越冬（图12-7）。

图12-7　金针虫

2. 防治方法

（1）农业防治。深耕细耙，轮作倒茬，中耕除草等，可大量消灭土中潜伏的成虫和幼虫。

（2）人工防治。每年春耕和秋翻时，随犁捡拾成虫和幼虫，并可作家禽饲料。

（3）药剂防治。

①药剂拌种。这是防治金针虫及其他地下害虫最经济简便而有效的方法。常用的药剂有辛硫磷、毒死蜱等，按种子重量的0.2%~0.25%称取药剂，加适量水稀释与种子拌匀后堆闷半天晾干后播种。

②毒沙处理播种沟。每亩称取50%辛硫磷乳油250毫升，用适量水稀释与30千克细沙土拌匀，施于播种沟后再行播种。

③当下，幼苗受害严重时，可用40%辛硫磷乳油1500倍液，或40%甲基异硫磷乳油1200~1500倍液灌根。注意一定要让药液渗入土内。如果是地膜种植，可将喷雾器的喷头拧下，去掉里面的旋水片，然后随地膜上的放苗孔将药液滴入土内。